国家出版基金项目
NATIONAL PUBLICATION FOUNDATION

天然气水合物模拟开采技术丛书（第Ⅰ辑）
丛书主编 / 周守为　李清平
卷五

天然气水合物开采数值模拟分析技术

NUMERICAL SIMULATION ANALYSIS TECHNOLOGY FOR NATURAL GAS HYDRATE EXPLOITATION

李淑霞　郝永卯　庞维新　徐建春　焦红梅　著

中国石油大学出版社
CHINA UNIVERSITY OF PETROLEUM PRESS
山东·青岛

图书在版编目(CIP)数据

天然气水合物开采数值模拟分析技术/李淑霞等著
.-- 青岛:中国石油大学出版社,2023.12
(天然气水合物模拟开采技术丛书.第Ⅰ辑;卷五)
ISBN 978-7-5636-7072-7

Ⅰ.①天… Ⅱ.①李… Ⅲ.①天然气水合物-气田开发-数值模拟-研究 Ⅳ.①P618.13

中国国家版本馆 CIP 数据核字(2023)第 229188 号

书　　名: 天然气水合物开采数值模拟分析技术
TIANRANQI SHUIHEWU KAICAI SHUZHI MONI FENXI JISHU
著　　者: 李淑霞　郝永卯　庞维新　徐建春　焦红梅

策划统筹: 李　锋(电话　0532-86983571)
责任编辑: 曹秀丽(电话　0532-86981532)
责任校对: 高　颖(电话　0532-86983568)
封面设计: 悟本设计

出 版 者: 中国石油大学出版社
(地址:山东省青岛市黄岛区长江西路 66 号　邮编:266580)
网　　址: http://cbs.upc.edu.cn
电子邮箱: shiyoujiaoyu@126.com
印 刷 者: 山东临沂新华印刷物流集团有限责任公司
排 版 者: 青岛汇英栋梁文化传媒有限公司
发 行 者: 中国石油大学出版社(电话　0532-86983440)
开　　本: 787 mm×1 092 mm　1/16
印　　张: 10.75
字　　数: 260 千字
版 印 次: 2023 年 12 月第 1 版　2023 年 12 月第 1 次印刷
书　　号: ISBN 978-7-5636-7072-7
印　　数: 1—1 000 册
定　　价: 72.00 元

序

天然气水合物是甲烷等烃类气体和水在高压、低温条件下形成的类冰状笼形化合物，俗称“可燃冰”，专家预测其远景资源量约为传统化石能源含碳量的两倍，是继页岩气、致密气、煤层气等之后最具潜力的接续能源，主要分布在陆地永久冻土带和水深超过 300 m 的海洋深水区。

天然气水合物巨大的资源潜力吸引着世界各国纷纷投入研究。进入 21 世纪以来，美国、加拿大、日本、印度、韩国、中国等先后制订了天然气水合物中长期研究计划，勘查、试验开采及风险评价、环境监测等研究工作不断深入，全球开展了 10 次试采，初步形成了由北极冻土、墨西哥湾、日本海和中国南海组成的“一陆三海”格局，但安全、经济的天然气水合物开发技术尚未得到根本突破，成为当今世界科技创新的前沿领域。

我国海域天然气水合物资源前景广阔，约占总资源量的 82%。1990 年，中国科学院兰州冰川冻土研究所首次在室内合成了气体水合物。2000 年以来，在国家“863”计划、国家“973”计划、国家重点研发计划等的支持下，我国先后启动了海域天然气水合物资源勘查、开采模拟和风险评价等基础研究、应用研究和前沿技术探索，并初步建立了相应的理论研究和实验方法。2017 年、2020 年我国先后成功实施了两轮海域天然气水合物试采，实现了从探索性试采向试验性试采的跨越，为海洋天然气水合物规模开发基础理论和核心技术的研究奠定了坚实的基础。

周守为院士带领的研究团队创作的“天然气水合物模拟开采技术丛书（第Ⅰ辑）”以南海北部海域天然气水合物目标勘探和开采模拟技术为核心，以资源勘查—钻探取样—储层刻画—多尺度开采模拟等为主线，以国家“863”计划项目课题“天然气水合物模拟开采技术研究”、国家重点研发计划“海洋天然气水合物试采技术和工艺”等项目研究成果和认识为依托，系统介绍了自主研发的天然气水合物基础物性测试分析系统、基于核磁和CT的水合物储层结构可视化测试装置、多尺度天然气水合物开采模拟系统和水合物储层力学特性测试装置，奠定了实验研究的基础；详细介绍了自主设计的南海北部海域天然气水合物资源勘探-随钻测井-钻探取样-在线检测系统，包括以宽频地震处理为主的南海北部天然气水合物目标勘探技术、2 000 m水深的保温保压水合物取样装置和在线样品检测分析系统，以及在水深1 720 m自主获取代表性层段高纯度天然气水合物样品的工程实践，为开采方法研究和试采工程实施提供了可靠的数据支撑；针对南海北部已获取的水合物样品及潜在目标区埋深浅、弱胶结、非成岩等特征，提出并阐释了海域天然气水合物开采工艺适应性评价方法，以及规模开发面临的挑战。

本套丛书集中反映了作者团队在天然气水合物开采理论与实践方面做出的出色工作，其中的许多观点和认识颇具新意，所研制的天然气水合物基础试验设备为深入研究天然气水合物储层特性、进行开采方法模拟分析及适应性和风险评价提供了国际先进的研发平台，所研制的钻探取样、试采机具已在南海北部天然气水合物钻探取样、试采工程实施中经过检验，所总结的研究认识及所提出的研究思路和方法不仅为我国南海北部天然气水合物的目标勘探和试采技术研究提供了范例，还对客观认识天然气水合物的研究现状，科学制定规范化的开发研究路径，稳步推动海域天然气水合物、浅层气等的联合开发具有参考价值。

我向读者推荐本套丛书，希望对从事海洋天然气水合物研究的人员有所启发，同时，也期望作者团队在此方面继续进行更深入的研究，今后有更多、更好的成果问世。

中国工程院院士 曾恒一

2023年11月

丛书前言

天然气水合物俗称“可燃冰”，是甲烷等烃类气体和水在高压、低温条件下形成的类冰状笼形化合物，主要分布在陆地永久冻土带和水深超过 300 m 的海洋深水区，是目前尚未开发的、资源潜力巨大的天然气绿色能源的重要接续。

自 2000 年以来，我国相继启动了国家“863”计划、国家“973”计划及国家重点研发计划等海域天然气水合物资源勘探开发基础前瞻科技攻关项目。国家《能源发展战略行动计划(2014—2020 年)》提出要“加大天然气水合物勘探开发技术攻关力度，培育具有自主知识产权的核心技术，积极推进试采工程”，《能源技术革命创新行动计划(2016—2030 年)》提出要“突破天然气水合物勘探开发基础理论和关键技术，开展先导钻探和试采试验”，《第十四个五年规划和 2035 年远景目标纲要》提出要“开展南海等地区天然气水合物试采”。

进入 21 世纪以来，美国、加拿大、日本、印度、韩国、中国等先后制订了天然气水合物中长期研究计划，勘查、试验开采及风险评价、环境监测等研究工作不断深入，由北极冻土、墨西哥湾、日本海和中国南海组成的“一陆三海”格局初步形成。我国于 2017 年、2020 年先后进行了两轮海域天然气水合物试采，迈出了“万里长征”的第一步，但天然气水合物安全开发开采技术尚未得到根本性突破，距离规模开发还有很长的路要走。

初步勘查和研究表明，我国海域天然气水合物资源前景广阔，且多与油气同盆共生，国家自然资源部估测其远景资源量约为 800×10^8 t 油当量，其中南海海域天然气水合物远景资源量约占我国总资源量的 78%。但我国目前已发现的天然气水合物储层大多赋存在深水陆坡区，埋深浅、弱胶结、非成岩，压力窗口窄，安全、高效开发的挑战巨大，亟待自主研发南海北部天然气水合物目标勘探、储层刻画技术，针对水合物储层特点的基础物性、多尺度开采模拟、风险评价等基础研究手段和方法，以及配套的试采技术和装备。因此，理论创新和颠覆性技术突破仍是影响全球海域天然气水合物规模开发和产业发展的重要因素，应用基础研究、前沿创新技术研发仍是稳步推动我国海洋天然气水合物早日实现开发利用的必由之路。

“十一五”到“十三五”期间，由中国海洋石油集团有限公司牵头组织，联合国内外 10 余所高等院校和科研院所，在国家“863”计划项目课题“天然气水合物模拟开采技术研究”、国家重点研发计划“海洋天然气水合物试采技术和工艺”等重大科研项目支持下，历经近 20 年的攻关研究，研制了微观-介观-宏观系列实验装置，形成了一批技术成果，有力地促进了我国海洋天然气水合物勘探开采基础研究、应用基础研究的发展，所研发的“海洋天然气水合物和油气一体化勘探开发机理和关键工程技术”入选中国科学协会“2019 重大科学问题和工程技术难题”。

在此基础上，通过深度梳理和提升形成了“天然气水合物模拟开采技术丛书（第Ⅰ辑）”，它是天然气水合物相关项目所取得精华成果的体现。该丛书共八卷，以南海北部海域天然气水合物勘探和开采模拟技术为核心，以资源勘查—钻探取样—储层刻画—多尺度开采模拟等为主线，较为全面、系统地阐述了南海北部天然气水合物目标勘探、钻探取样、开采模拟技术研究领域的重要理论基础，多尺度、系列化实验装备研制，试采技术工艺优选和配套机具研发，以及试采工程实践等。丛书各卷分工为：卷一《海洋天然气水合物开采技术研究进展》由李清平、周守为、庞维新等撰写，卷二《海洋天然气水合物目标勘探技术》由李元平、施和生、朱振宇、张钱江撰写，卷三《海洋天然气水合物基础物性研究》由孙长宇、李清平、庞维新等撰写，卷四《天然气水合物开采实验研究》由李小森、周守为等撰写，卷五《天然气水合物开采数值模拟分析技术》由李淑霞、郝永卯、庞维新等撰写，卷六《海洋天然气水合物固态流化开发概念研究》由周守为、李清平、赵金洲、魏纳等撰写，卷七《天然气水合物开采安全评价技术》由宋永臣、李洋辉等撰写，卷八《海洋天然气水合物钻探取样及在线分析技术》由吕鑫、李清平等撰写。丛书由李清平教授、孙长宇教授、李淑霞教授、李小森教授、宋永臣教授、魏纳教授、吕鑫高级工程师、李元平高级工程师、王秀娟教授、李丽霞高级工程师等统稿，周守为院士、李清平教授定稿。此外，参与丛书撰写的还有陈伟、张俊斌、韦红术、许亮斌、金灏、魏剑飞、罗俊斌、谢仁军、朱振宇、陈光进、周云健、付强、孙涛、葛阳、刘健、田睁、黄婷、朱海山、郑利军、朱军龙、樊奇、刘瑜、杨磊等。本套丛书的撰写得到了中国海洋石油集团有限公司、中海油研究总院有限责任公司、中海石油(中国)有限公司深圳分公司和海南分公司、中国石油大学(北京)、中国石油大学(华东)、西南石油大学、大连理工大学、中国科学院广州能源研究所、中国科学院海洋研究所、中国海洋大学、怀柔实验室、中国科学院深海科学与工程研究所、东方电气集团控股宏华集团有限公司等的大力支持。中国海洋石油集团有限公司曾恒一院士、谢玉洪院士,西南石油大学罗平亚院士,中国石油大学(北京)李根生院士,中国工程院谢克昌院士等为丛书提出了许多宝贵的撰写和修改意见,在此表示衷心的感谢!丛书的出版无疑是项目组全体研究人员、联合研究团队科研人员、海上现场实施人员多年辛勤劳动和共同努力的结晶,在此特表示热烈的祝贺和诚挚的感谢。

本套丛书理论与实践紧密结合,内容的创新性、实用性显著,对海洋天然气水合物的开发利用、深海天然气水合物和深部油气一体化开发技术的深入研发等具有一定的指导和借鉴意义。因此,希望丛书的出版为科技界、教育界、企业界广大科研人员等提供有意义、有价值的参考,为从事海洋能源开发工程实践的科技工作者提供技术决策支持。

海洋天然气水合物目标勘探和开采技术属于深海能源科技创新的前沿和新兴战略科技领域,具有跨学科、跨领域等特点,可供参考比对的理论研究、实验方法、共性技术和现场工程实践经验有限,丛书仅对项目阶段的研究成果、研究认识和一定范围内的应用验证进行了梳理和总结,不当或疏漏之处在所难免,恳请读者和专家批评指正。

中国工程院院士 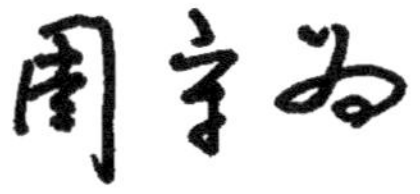

2023 年 11 月

前言

能源是经济和社会发展最重要的战略资源之一，能源的安全程度关系到一个国家的生存和发展。随着常规油气资源的日益紧张，寻找和开发利用清洁高效、潜力巨大的新能源，已经是世界各国解决未来能源问题的主要出路。天然气水合物在全球分布广、资源量大、使用方便、热值高、清洁无污染，因而成为煤、石油和常规天然气等传统能源之后最佳的接替能源。

近年来世界各国都在加速研究天然气水合物安全、高效、经济的开采方法，提出的开采方法包括注热法、降压法、注化学剂法、CO_2置换法等。这些方法各有优缺点，可单独使用，也可联合使用，其中注热法和降压法被国内外学者广泛看好。数值模拟是对水合物藏开采方法进行评价的一个重要手段，即使在目前对水合物藏的开采动态认识还不是很清楚的情况下，数值模拟也可以为水合物藏开采方案的确定提供重要依据，特别是模拟开发过程中各因素的敏感性，对水合物藏的产气量进行初步估计等更具有重要意义。国内外从20世纪80年代开始研制天然气水合物藏开采模拟计算的数学模型，从简单的能量平衡模型、一维单相解析模型到复杂的三维三相数值模型；从单纯的考虑气、水流动，到考虑冰、盐及化学剂对相平衡的影响，水合物藏的模拟模型不断得到完善。

本书在天然气水合物开采数值模拟研究现状调研及有关数值模拟研究工作总结提炼的基础上撰写而成。全书共分7

章，第1章介绍天然气水合物的分布、资源量及研究发展历史；第2章介绍目前研究中常用的几个水合物藏开采数值模拟模型，并以HydrateResSim数学模型为例，介绍水合物开采的数学模型及数值求解方法；第3章介绍水合物藏降压开采的数值模拟研究情况，分析降压开采的生产动态、盖层参数对模拟计算结果的影响，并进行降压开采的参数优化设计；第4章介绍水合物藏降压＋注热驱替法开采的数值模拟研究情况，分析降压＋注热驱替法开采的生产动态，并进行降压＋注热驱替法开采的参数优化设计；第5章以2017年我国南海神狐水合物藏首次试采为研究对象，在对试采产量进行历史拟合的基础上，预测长期开采的产气动态，并分析影响水合物藏产能的主要因素；第6章主要介绍我国南海神狐水合物藏的增产措施，模拟计算水平井开采、直井降压＋压裂开采、直井降压＋注热驱替开采、直井降压＋井壁加热开采等各种增产措施下的产气动态并进行对比分析；第7章总结研究成果，并提出今后的研究建议。

水合物藏与常规油气藏地质特征及开采环境条件不同，而且水合物藏的开采涉及相变、渗流、传热及储层变形等各种复杂机理，因此天然气水合物的开采难度和复杂程度远大于常规油气藏。尽管美国、加拿大、日本、中国等已先后进行过冻土和海域的水合物试采，但是目前世界上还没有形成成熟的水合物开采理论和技术，很多研究工作仍处在探索阶段。另外，由于缺少对实际水合物藏长期开采生产规律的认识，目前水合物开采数值模拟理论和技术尚不成熟和完善。本书的数值模拟研究工作没有考虑储层变形的影响，这是今后数值模拟研究中需要完善的。同时，由于作者时间和水平有限，书中难免有不当之处，敬请读者批评指正。

目　录

第1章 绪论

1.1 天然气水合物研究简介

1.1.1 天然气水合物简介

1）天然气水合物及其分布

能源是经济和社会发展最重要的战略资源之一，能源的安全程度关系到一个国家的生存和发展。随着常规油气资源的日益紧张，寻找和开发利用清洁高效、潜力巨大的新能源，已经是世界各国解决未来能源问题的主要出路。天然气水合物(natural gas hydrate，NGH)因分布广、资源量大、清洁无污染等优点，被认为是21世纪重要的潜在资源。天然气水合物是由天然气与水在高压低温条件下形成的类冰状的结晶物质，因其外观像冰一样且遇火即可燃烧，所以又被称为可燃冰。在标准状况下，1单位体积的天然气水合物分解可产生164单位体积的甲烷气体，燃烧热值高。天然气水合物的主要气体成分为甲烷，也包含少量的乙烷、丙烷等烷烃及少量二氧化碳、硫化氢等非烃气体。根据其晶格结构类型，可以将天然气水合物分为结构Ⅰ型、Ⅱ型和H型。天然气水合物在高压低温条件下保持稳定，在自然界广泛分布，据估计，天然气水合物藏面积大约占海洋表面积的71%，占陆地表面积的29%。

2）天然气水合物的资源量估算

天然气水合物的资源量估算对确定其在未来能源中的地位十分重要。各国研究者对水合物中天然气资源量的估算可分为三个阶段：① 初始阶段，20世纪70—80年代早期(10^{17}～10^{18} m^3数量级)；② 发展阶段，20世纪80年代晚期到2002年前后(10^{16} m^3数量级)；③ 理性阶段，2002年前后到目前(10^{14}～10^{15} m^3数量级)。研究认为：随着天然气水合物勘探开发研究程度的加深，从上一个阶段到下一个阶段全球天然气水合物中甲烷量估算值至少降低了一个数量级，天然气水合物实际样品的获得使得水合物资源量估算方法日趋完善，估算参数更接近实际地质情况，估算值更趋于理性。目前估算全球海底天然气水合物中天然气资源量的合理范围为$(1～3)\times10^{15}$ m^3。

3）天然气水合物藏的分类

天然气水合物主要分布于海洋大陆架的陆坡海底、海沟及永久冻土区。目前对实际水合物藏的资料认识有限，有关水合物藏的成因、成藏模式、存在形式等还都处于研究阶段，下面介绍两种典型的水合物藏的分类方法。

美国劳伦斯伯克利国家实验室的 G. J. Moridis 等根据目前已探明的天然气水合物藏的赋存形式，将其分为四类。第Ⅰ类水合物藏主要有两个分层，上层是上覆的天然气水合物层，下层是下伏的含游离甲烷气的气与水的两相区。第Ⅰ类水合物藏又可细分为ⅠG 和ⅠW 两类：当上面的水合物层空隙结构同时含有水合物和甲烷气时，称为ⅠG 类水合物藏；当上面的水合物层空隙结构同时含有水合物和水时，称为ⅠW 类水合物藏。第Ⅰ类水合物藏水合物稳定带的底部与水合物层的底部一致。第Ⅱ类水合物藏也有两个分层：上层是上覆的天然气水合物层，其空隙被水合物和水填充；下层是下伏的可流动底水层，其空隙全部被水填充。第Ⅲ类水合物藏只含有一个水合物层，其上下地层均为不渗透地层。第Ⅳ类水合物藏特指那些水合物饱和度较低且在海洋地层中零散分布的水合物藏，在水合物开采的初期阶段，此类水合物藏不具备商业开采价值。

日本早稻田大学的 M. Kurihara 则认为，水合物藏总体可分为三类：第一类为空隙填充型，第二类为自然裂缝型，第三类为大块结节型，其中绝大部分水合物藏是空隙填充型。空隙填充型水合物藏又可按上述 Moridis 的分类方法进一步细分为三个小类：第一类是上、下盖层＋中间水合物层，等同于 Moridis 分类的第Ⅲ类；第二类是上覆盖层＋中间水合物层＋下部自由水层，等同于 Moridis 分类的第Ⅱ类；第三类是上覆盖层＋中间水合物层＋下部自由气层，等同于 Moridis 分类的第Ⅰ类。Kurihara 的水合物藏的分类方法如图 1-1 所示。

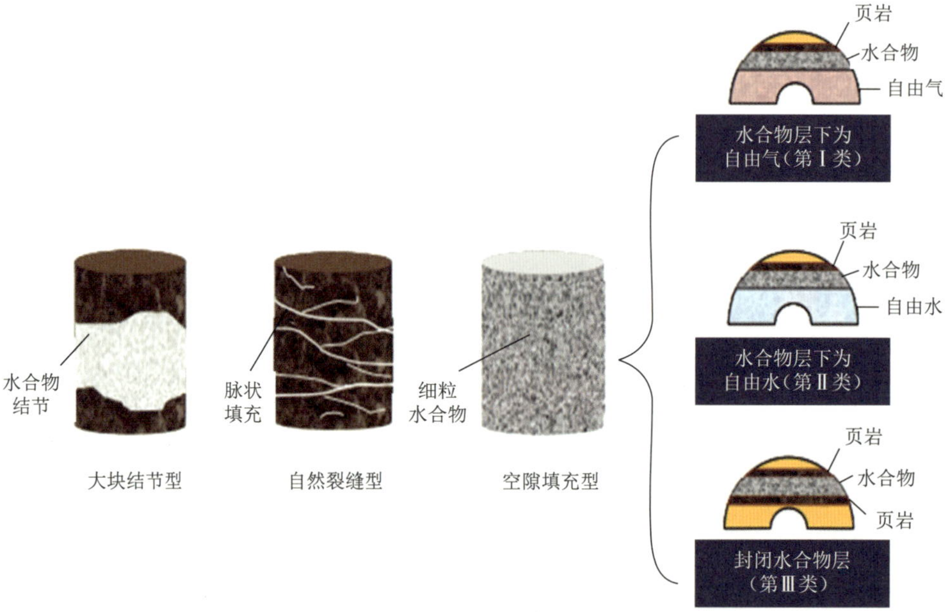

图 1-1 Kurihara 的分类示意图

1.1.2 天然气水合物的研究发展史

1）天然气水合物研究阶段

自1810年英国科学家H. Davy在实验室首次发现天然气水合物和1888年法国学者Villard人工合成天然气水合物后，人类就再也没有停止过对天然气水合物的研究和探索。从1810年开始，全世界对天然气水合物的研究大致经历了四个阶段。

(1) 第一阶段：实验室研究阶段(1810—1933年)。

第一阶段是从1810年英国科学家Davy发现天然气水合物和次年对其正式命名并著书立说到1933年。在这120多年中，对天然气水合物的研究仅在实验室进行且争议颇多。

(2) 第二阶段：管道堵塞与防治阶段(1934—1968年)。

第二阶段是从1934年美国E. G. Hammerschmidt发表关于天然气水合物造成输气管道堵塞的有关数据起，人们开始注意到天然气水合物的工业重要性，从负面加深了对天然气水合物及其性质的研究。在这个阶段，人们关注研究其组成、结构、相平衡和生成条件，研究主题是工业条件下水合物的预报和清除、水合物阻化剂的研究和应用。

(3) 第三阶段：资源调查研究阶段(1969—2001年)。

1969年特罗费姆克等发现了天然气的一个特性，即它可以以固态形式存在于地壳中。特罗费姆克等的研究工作为世界上第一座天然气水合物矿田——苏联麦索雅哈气田的发现、勘探与开发前期的准备工作提供了重要的理论依据。1969年12月，麦索雅哈气田投入开发，标志着开始将天然气水合物作为一种能源进行开采。1972年，科学家又在美国阿拉斯加北部斜坡和加拿大Mallik三角洲发现天然气水合物。之后，为了更好地了解天然气水合物，一些国家开展了很多工作，包括为了解天然气水合物矿床特征而实施的深海钻探系统调查，样品采集的区域包括美国东海岸、墨西哥湾、危地马拉和南美洲。涉及项目的国家包括日本、印度、加拿大和美国，探索了将陆地及海洋天然气水合物作为未来甲烷来源的可行性。可以说，从20世纪60年代开始，全球天然气水合物的研究跨入了一个崭新的阶段——第三阶段，即把天然气水合物作为一种能源进行全面研究和资源调查的阶段，世界各地科学家对天然气水合物的类型和物化性质、自然赋存和成藏条件、资源评价、勘探开发手段，以及天然气水合物与全球气候变化和海洋地质灾害的关系等进行了广泛而卓有成效的研究。

(4) 第四阶段：试验开采及环境研究阶段(2002年至今)。

2002—2008年，加拿大Mallik进行了永久冻土天然气水合物的生产性试验，这是全球首次有目的地对天然气水合物进行试开采，包括加拿大、日本、美国、德国、印度五个国家的八个机构参与了该计划。2012年，在美国的阿拉斯加北坡进行了生产试验。日本经济产业省分别于2013年3月和2017年5月在日本Nankai海槽进行了海洋天然气水合物试采。2017年5月我国在南海北部神狐海域成功进行了海域天然气水合物试采，连续稳定产气 60 天。2020 年 3 月 26 日中央电视台最新报道，我国在水深 1 225 m 的南海神狐海域进行了第二次水合物试采，创造了产气总量、日均产气量两项新的世界纪录，实现了从“探索性试采”向“试验性试采”的重大突破。总的来看，加拿大、美国、日本、中国等先后开展了陆地和海洋天然气水合物勘查与试采实验，印度和韩国亦准备近期开展海洋天然气水合物试采，全球天然气水合物勘查试采的高潮正在蓬勃掀起。同时，全球对天然气水合物开采的环境影响及灾害防治工作也更加重视。

2）全球天然气水合物试开采简介

与传统油气资源不同，天然气水合物主要以固体形态存在，其开采方式也与现有的传统化石能源不同，目前提出的各种水合物藏的开采方法均在研究阶段。迄今为止，全球只有俄罗斯的麦索雅哈水合物藏用降压和注化学剂的方法进行过水合物藏的工业性开采。另外，加拿大 Mallik、日本东南部沿海、美国阿拉斯加、中国神狐海域及祁连山等进行过水合物藏的试采，其中应用最多的方法是降压法和注热法，详细情况见表 1-1。

表 1-1　多个国家的水合物试采情况

国　家	类　型	时　间	开采方法	持续时间/d	累产气量/m^3
加拿大	陆　域	2002 年	热水循环法	5	516
	陆　域	2007—2008 年	降压法	6	1.3×10^4
美　国	陆　域	2012 年	CO_2置换法＋降压法	30	2.4×10^4
日　本	海　域	2013 年	降压法	6	12×10^4
	海　域	2017 年	降压法	12	3.5×10^4
				24	20×10^4
中　国	陆　域（青海祁连山）	2011 年（自然资源部）	降压法＋注热法	4.2	95
		2016 年（自然资源部）	水平井＋降压法	23	1 078
	海域（南海神狐）	2017 年（自然资源部）	降压法	60	30.9×10^4
		2017 年（中国海油）	固态流化法	—	81
		2020 年（自然资源部）	水平井降压	30	86.14×10^4

可以看出，随着水合物研究的不断深入和开采技术的进步，国内外水合物试采持续时间和产气量都不断增大，但试采中也遇到了出砂、稳产时间短等诸多理论和技术瓶颈，单井产量远未达到商业化开采的水平，还需做大量艰难的探索研究，才能实现水合物的商业化开采。

1.2　天然气水合物开采数值模拟概况

1.2.1　天然气水合物开采数值模拟发展历史

由于天然气水合物资源量巨大，目前世界各国都在加速对其实用开采方案的研究，数值模拟是对开采方案进行评价的一个重要手段。即使在目前对水合物藏的开采动态认识还不是很清楚的情况下，数值模拟也可以为水合物开采方案的确定提供重要依据，特别是对认识开发过程中各因素的敏感性、初步估计水合物藏的产气量等都具有重要意义。国内外从 20 世纪 80 年代就开始研制天然气水合物开采模拟计算的数学模型，从简单的能量平衡模型、一维单相解析模型到复杂的三维三相数值模型；从单纯地考虑气、水流动，到考虑冰、盐组分，以及化学剂对相平衡的影响，水合物藏的模拟模型不断得到完善。

图 1-2 按时间顺序总结了 20 世纪 80 年代以来的水合物分解动力学及数值模拟的主要代表性模型。早期研究主要采用解析法求解，利用两种不同的机制模拟水合物的分解过程：M. S. Selim 和 E. D. Sloan 建立的 Selim-Sloan 水合物分解模型将分解过程视为恒定热通量下的移动边界消融问题；而 H. C. Kim 等建立的 Kim-Bishnoi 模型中考虑水合物分解内在动力学，没有考虑传热和传质的影响。Selim-Sloan 和 Kim-Bishnoi 模型是水合物分解研究早期的两个基础模型。Jamaluddin 等建立的模型成功地将内在动力学与传热速率耦合。Selim 和 Sloan 进一步扩展了他们的模型，以描述在热刺激下多孔介质中

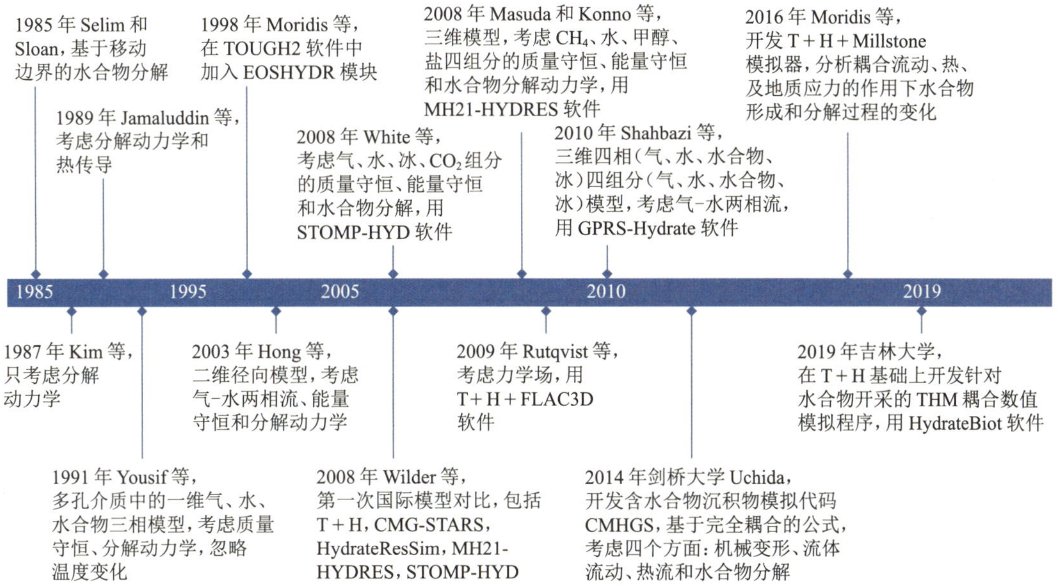

图 1-2　水合物分解动力学及数值模拟发展史

的水合物分解。M. H. Yousif 等通过耦合气体、水、水合物的质量，运用动量守恒方程及水合物的本征动力学，建立了多孔介质中水合物分解的数学模型。20 世纪 90 年代以后，随着研究的不断深入，各种数值求解的水合物开采数值模拟软件相继出现，数值模拟可以将水合物分解的所有机理进行耦合，因此得到蓬勃发展并逐渐完善。目前有关水合物开采的数值模拟软件仍在不断发展完善，以更好地考虑开采过程中的各种机理，准确描述水合物的分解动态。

1.2.2 水合物开采数值模拟软件总结对比

数值模拟技术能够计算水合物开采产气、产水、压力及温度变化等生产动态，是对水合物藏开采潜力及生产技术进行有效评估的重要手段。在消除解析解中的许多简化条件后数值模拟结果比解析求解更精确可靠，因此近年来很多学者研制了不同的水合物开采数值模拟软件，考虑了不同组分、相及控制机理，以模拟研究水合物开采方式及水合物开采动态。表 1-2 总结了比较有代表性的模型，简要总结了其考虑的场、组分等，其组分有 w(水)、g(气)、h(水合物)、s(盐)、b(冰)、c(CO_2)、m(甲烷)、i(抑制剂)。所有模型中均考虑化学场，即水合物分解反应。

表 1-2　水合物开采数学模型总结

时间及作者	场	组　分	机　理	平衡/动力学	说　明
1980 年，Verigin 等	渗流场	g	气对流	平　衡	降压解析模型
1982 年，Holder 等	热场、渗流场	g	气对流	平　衡	降压，水力场(仅限气层)
1985 年，Selim 等	热　场	g，w	—	平　衡	热，解析解，未分解区
1986 年，Burshears 等	热场、渗流场	g、w	气、水对流	平　衡	降压，三维
1990 年，Selim 等	热场、渗流场	g，w	气对流	平　衡	加热，水力场(仅限分解区)
1991 年，Yousif 等	渗流场	g，w	气、水对流	动力学	降压一维模型
1992 年，Maksimov	热场、渗流场	g，w	气、水对流	平　衡	解析，分解和未分解区
1993 年，Tsypkin	热场、渗流场	g，w，h	气、水对流	平　衡	解析，相变，三层
1998 年，Tsypkin	热场、渗流场	g，w	气、水对流	平　衡	解析，相变，三层
2000 年，Wim 等	渗流场	g，w，h	气、水对流	平衡-动力学	降压，一维，水中溶解气
2001 年，Naval 等	渗流场	g，w	气对流	动力学	解析、分解和未分解区，轴对称，降压
2002 年，Masuda 等	热场、渗流场	g，w，h	气、水对流，热传导	动力学	三种传统开采方式
2002 年，Masuda 等	渗流场	g，w，h，b	气、水、抑制剂对流	动力学	降压，抑制剂注入，水中溶解气体和抑制剂

续表

时间及作者	场	组　分	机　理	平衡/动力学	说　明
2003年，Hong等	热场、渗流场	g，w	气、水对流	动力学	解析模型，三种物理条件
2004年，Ahmadi等	热场、渗流场	g，w	气对流	平　衡	两层，热力-水力模型由化学模型联系
2004年，Scott等	热场、渗流场	g，w	气、水对流	平　衡	热水注入，有限元法(FEM)
2005年，Hong等	热场、渗流场	g，s，w	气、盐对流	平　衡	考虑盐的影响
2005年，Komai等	渗流场	w，h，g	气、水对流	动力学	降压，基于Yousif等的模型参数
2005年，Klar等	渗流场、力学场	g，w，h	气、水对流	动力学	用Bishop的模型研究未饱和机理
2005年，Hong等	热场、渗流场	g，w，h	气、水对流	动力学	二维圆柱模拟器，两层都打井
2005年，Sun等	热场、渗流场	g，w，h	气、水对流	动力学	一维降压模型
2006年，Phale等	热场、渗流场	g，w，h，s，c	气、水、CO_2、盐对流、扩散，热传导		注入CO_2钻井液，用STOMP-HYD软件，六相四组分，相变
2007年，Sean等	热场、渗流场、力学场	w，h，g	气、水对流，热传导	动力学	分解区水流动，测试动力学模型
2007年，Ahmadi等	热场、渗流场	g，w	气、水对流	平　衡	降压，轴对称，划分气区和水合物区
2007年，Nazridoust等	热场、渗流场	g，w，h	气、水对流	动力学	降压，采用FLUENT软件，轴对称
2007年，Tsypkin	热场、渗流场	g，w	气、水对流	动力学	等温与非等温，高压力梯度开发
2008年，Grover等	热场、渗流场	g，w，h	气、水对流	动力学	认为冰是水的一部分
2008年，Garg等	热场、渗流场、力学场	g，w，s	气、水移动	动力学	在水力模型中考虑有机碳形成和分解的动力学
2008年，Liu等	热场、渗流场	g，w	气、水对流	平　衡	降压，水合物层无水，第三类水合物
2008年，Ng和Klar等	热场、渗流场	g，w，h	气、水对流	动力学	采用FLAC，基于Klar和Soga的研究
2008年，Uddin等	热场、渗流场	g，w，c，h	气、水、CO_2对流	动力学	CO_2封存、形成、分解、相变，包括甲烷、CO_2水合物
2008年，White等	热场、渗流场	g，w，c，i	气、水、冰、CO_2对流、扩散，热传导	平衡-动力学	采用STOMP软件，平衡或者动力学模型

续表

时间及作者	场	组　分	机　理	平衡/动力学	说　明
2008 年，Salehabadi 等	热场、渗流场、力学场	g，w	水对流	平　衡	热力模型和水力-化学模型联系，但是关系较弱
2009 年，Bai 等	热场、渗流场	g，w，h	气、水对流	动力学	冰形成（主要参数），分解
2009 年，Rutqvist 等	热场、渗流场、力学场	g，w，c，i	气、水、冰、CO_2 对流、扩散，热传导	平衡-动力学	降压，T+H+FLAC3D
2009 年，Tonnet 等	热　场	g，w，h	气、水对流	动力学	降压，气体溶于水
2009 年，White 等	热场、渗流场	g，w，c，i	气、水、冰、CO_2 对流、扩散，热传导	平衡-动力学	CO_2 封存，第Ⅰ类天然气水合物
2010 年，Bai 和 Li	热场、渗流场	g，w，h	气、水对流	动力学	认为冰是水合物的一部分，降压+注热
2010 年，Gamwo 和 Liu	热场、渗流场	g，w，h	气、水对流，热传导	平衡-动力学	三相三组分，考虑相变，用 HydrateResSim 软件
2010 年，Konno 等	热场、渗流场	g，w，s，i	气、水、冰、CO_2 对流	动力学	用 MH21-HRATES 软件，四相五组分
2010 年，Kwon 等	热场、渗流场、力学场	w，g	水对流	平　衡	用 FLAC2D 软件
2010 年，Peszynska 等	热场、渗流场	g，w，s	气、水、盐对流，热传导	平　衡	适应性建模
2010 年，Phirani 等	热场、渗流场	g，w，c，h	气、水、CO_2 对流，热传导	动力学	CO_2 封存，五相六组分，相变
2011 年，Janicki	热场、渗流场	g，w，c，h	气、水、CO_2 对流，热传导	动力学	UMSICHT HyReS 软件，四相二组分的质量守恒
2011 年，Kim 等	热场、渗流场、力学场	g，w，c，i	气、水、冰、CO_2 对流、扩散，热传导	平衡-动力学	T+H+FLAC3D 软件，采用 Coussy 的理论研究力学原理，降压、热刺激和可塑性
2011 年，Kimoto 等	力学场	g，w，h	气、水对流	动力学	Kimoto 模型
2011 年，Li 等	热场、渗流场、力学场	g，w，h	气、水对流	动力学	有效压力和 Drucker-Prager 弹性塑性
2011 年，Schnurle 等	热场、渗流场	g，w，h	气、水对流	动力学	模拟自由气与水合物聚集
2011 年，Chin 等	热场、渗流场、力学场	g，w，c，i	气、水、冰、CO_2 对流、扩散，热传导	平衡-动力学	降压，T+H，耦合力学性质
2012 年，Ruan 等	热场、渗流场	g，w，h	气、水对流	动力学	二维轴对称
2014 年，Georg Janicki 等	热场、力学场	g，w，h，c	气、水、冰、CO_2 对流、扩散，热传导	动力学	加热法，降压法和注 CO_2 开采海底水合物时出现的物理过程

续表

时间及作者	场	组　分	机　理	平衡/动力学	说　明
2015 年，阮徐可等	热场、渗流场	g，w，h	水、气对流	平　衡	降压＋井壁加热
2016 年，Hirabayashi 等	热场、渗流场	g，w，c	气体扩散	平　衡	计算 CO_2 转化率及冰的形成
2017 年，艾志久等	热场、渗流场	g，w，i	气体扩散，冰孔隙结构	动力学	考虑动力学参数对天然气水合物分解过程的影响
2018 年，Musakaev 等	热场、渗流场	g，w，i	气、水对流	动力学	同样降压幅度下降至 0 ℃时采收率高
2019 年，Sun Xiang 等	热场、渗流场、力学场	g，w，h	气、水对流	动力学	对南海低渗透水合物藏降压开采进行模拟
2019 年，Jin Guangrong 等	热场、渗流场、力学场	g，w，h，i	气、水对流	动力学	研究单井和多井系统下水合物开采的产量与地层沉降的关系
2019 年，袁益龙等	热场、渗流场、力学场	g，w，h，i	气、水对流	动力学	建立新的水合物开采传热-流动-力学耦合数学模型
2020 年，Zhou Mingliang 等	热场、渗流场、力学场	g，w，h	气、水对流	动力学	对日本 Nankai 海槽水合物降压开采进行模拟
2020 年，Yi Hua 等	热场、渗流场	g，w，h，i	气、水对流	平衡-动力学	对比平衡和动力学模型的差异及无量纲临界值

综上所述，随着研究的深入，模型中考虑的因素越来越多，也越来越接近真实的水合物开采情况。目前模拟器基本包含平衡模型及动力学模型，考虑多相多组分，因为简化的模型不能完全模拟复杂的水合物藏的特性。模型中比较常见的相态为水相、气相、水合物相、冰相等，常见的组分有水组分、气组分、甲烷组分（或其他气体组分）、抑制剂等。除了基本的热场、渗流场、化学场外，越来越多的模型开始考虑水合物藏的力学场，能模拟水合物藏分解过程中的出砂及地质沉降作用。

1.2.3　多场耦合数值模拟发展历程

水合物开采的数学模型一般由质量守恒、能量守恒、水合物分解动力学等控制方程和相关的辅助方程构成，其中描述水合物分解物理过程的控制方程涉及水合物分解的基本控制机制，包括传热（温度场 T）、传质（渗流场 H）、储层变形（力学场 M）和水合物相变化学反应动力学（化学场 C）。早期水合物开采数值模拟软件的控制方程中都没有考虑水合物分解过程中的储层变形，同时忽略了流动或传热机制，如忽略水合物分解后气、水的流动，只考虑传热和水合物分解的两场耦合模型（Thermo-Chemical，TC）；或忽略水合物分解过程中的热量变化，只考虑流体流动和水合物分解的两场耦合模型(Hydro-Chemical，HC)。20 世纪 90 年代之后，同时考虑流体流动、传热及水合物分解的三场耦合模型(Thermo-Hydro-Chemical，THC)不断增多。进入 21 世纪，随着对水合物开采数值模拟研究的不断深入，开始出现同时考虑水合物分解过程中的传热、流体流动、储层变形及水合物分解的四场耦合模型(Thermo-Hydro-Mechano-Chemical，THMC)，对水合物分解控制机理的考虑越来越完善，水合物开采数值模拟的准确性和可靠性都得到了极大的提高。因此，这些模型通常具有多物理性质。从 20 世纪 80 年代至今，水合物开采多物理场耦合的数值模拟软件发展变化情况如图 1-3 所示。

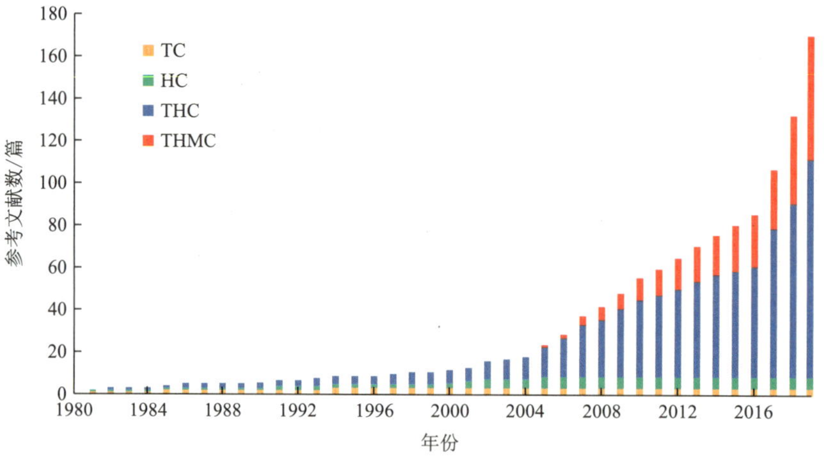

图 1-3 天然气水合物数值模拟软件发展变化情况

可以看出，TC 或者 HC 两场耦合模型的数值模拟由于忽略了水合物分解过程中的主要控制机理，因此逐渐被 THC 三场耦合模型的数值模拟所代替。之后，随着 THC 三场耦合模拟器的成熟，THMC 四场耦合模型关注程度呈指数式增长，水合物开采过程中的储层地质效应的重要性得到关注。

根据水合物开采数值模拟中主要考虑的物理场的数量划分，截至 2019 年，水合物开采多物理场耦合所占的比例如图 1-4 所示。可以看出，THC 三场耦合及 THMC 四场耦合已经占据 94.7%。

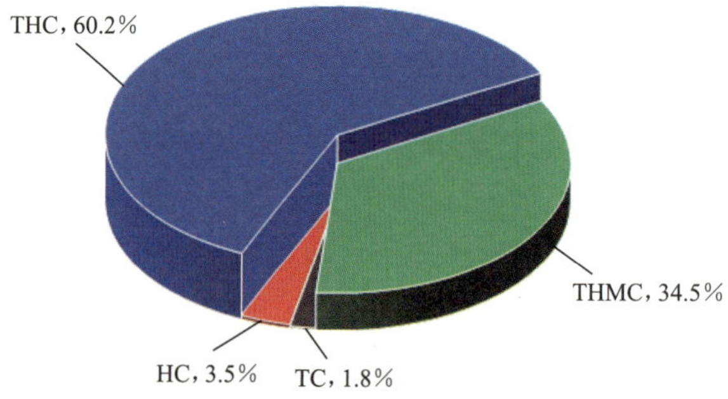

图 1-4 天然气水合物开采多物理场耦合所占的比例

第2章 天然气水合物开采的数值模拟模型

天然气水合物的形成和分解可以用下式来表示：

$$M(g)+N_H H_2O(l) \rightleftharpoons M \cdot N_H H_2O(s)$$

其中M表示束缚在笼形空间中的客体气体分子；g,l和s分别表示气态、液态和固态；N_H为每个气体分子形成水合物所需要的水分子数。对于Ⅰ型水合物，如甲烷水合物而言，在理想状态下，N_H平均为5.75(46/8)，但实际上不可能所有的笼形空间都被气体分子占据，因此N_H是由温度和压力条件决定的。在一些特殊条件下，每个笼形空间内可能会有两个气体分子，此时N_H要小于平均值。通常状态下，N_H大于平均值，近似为6。在综合分析国内外水合物研究的基础上，首先建立了降压法开采水合物藏的模型，能够初步解释气-水-水合物-冰多相渗流过程、水合物分解动力学过程、水合物相变过程、冰-水相变过程、热传导和对流过程、渗透率变化等对水合物分解的影响。

2.1 水合物开采数值模拟模型简介

在水合物开采数值模拟计算中，解析模型假设条件多，不能反映水合物分解过程中的各种机理，而数值模拟模型考虑因素较全面，因此得到了较快发展。目前在水合物研究领域应用较多的通用数值模拟软件有四种。

2.1.1 TOUGH+HYDRATE

TOUGH家族的水合物模拟是水合物研究领域中应用最多的模拟软件。1998年，美国劳伦斯伯克利国家实验室Moridis等在TOUGH2通用模拟器(该模拟器是20世纪80年代开发的用于模拟水、蒸汽、气体和热在多孔介质和裂隙介质中耦合输运的通用软件)的基础上添加了水合物开采计算模块，形成了早期的TOUGH2/EOSHYDR模拟器，能够描述平衡条件下甲烷水合物分解过程中非等温气体释放、相变及流体流动。2003年，Moridis等将EOSHYDR模块进一步发展完善为EOSHYDR2模块，能够模拟二元水合物在平衡条件和动力学条件两种情况下的形成和分解，该扩展使得TOUGH2/

EOSHYDR2 能够预测世界各地不同地质条件下水合物的产气量。2005 年,Moridis 等将 TOUGH2/EOSHYDR2 模块进一步升级为 TOUGH-Fx,大大改变了计算架构。新的模拟框架采用 FORTRAN95/2003 语言编写,遵循面向对象编程(OOP)的原则,并采用模块化结构来描述每个对象。2008 年,TOUGH-Fx 模块又进一步升级为 TOUGH+HYDRATE(简称 T+H)。为了减少执行时间并加速模拟器的收敛,T+H 进行了以下简化:① 去除自由气和分解气的气体追踪选项;② 消除二元水合物模拟,因为相平衡因不同客体分子浓度而复杂程度不同。到目前为止,T+H 已经被 8 个国际石油和天然气公司,以及 40 多个研究机构所采用。

T+H 能够描述储层中气体和液体流动、相变、热交换(包括传导、对流和辐射)、相变过程中的焓变及水合物分解动力学,能够进行降压、热刺激和注化学剂等不同开采方式的数值模拟计算。模型假设条件如下:

(1) 流体渗流符合达西定律;

(2) 溶解的气体和抑制剂通过对流的方式输送;

(3) 水合物的压缩系数和热膨胀系数与冰相同;

(4) 溶解的盐在水结冰时不会沉淀;

(5) 溶解的抑制剂不影响水相的热物理性质;

(6) 抑制剂不挥发;

(7) 最大模拟压力为 100 MPa。

在上述假设条件下,模拟器中考虑四个相(水相、气相、冰相和水合物相)和四个组分[水、甲烷、水合物和水溶性抑制剂(盐或醇)],分别考虑水合物的平衡模型和动力学模型,建立各组分的质量守恒和能量守恒方程,形成数学模型的主要控制方程。

国内外已有很多学者利用 T+H 软件,针对不同的水合物藏进行了大量的模拟计算,分析了水合物藏生产动态及敏感参数。Moridis 等利用该软件,对 Mallik 地区水合物藏、海洋低浓度分散型水合物藏、冻土第Ⅱ类水合物藏、墨西哥湾水合物藏等进行了大量的模拟计算。M. T. Reagan 等利用该软件对第Ⅱ类和第Ⅲ类水合物藏的开采敏感参数进行了分析。Zhao Jiafei 及 Li Xiaosen 等利用 T+H 软件分别模拟计算了我国祁连山水合物藏单口垂直角、水平井的降压生产动态及单水平井热吞吐生产动态,发现单井生产是不经济的。Huang Li 等用该软件对海洋环境不同岩性的水合物藏产气潜力进行了模拟计算,认为砂岩型水合物藏产气潜力最大。Yu Tao 等用该软件对我国南海神狐海域 2017 年的水合物试采进行了短期及长期的降压开采模拟计算。Zhang Jinming 等针对我国南海神狐水合物藏渗透率低的特点,提出了扩大可渗透的井壁半径,用该软件计算得到当渗透井壁半径从 0 增加到 5 m 时,累积产甲烷量和产水量分别增加了约 4 倍和 3 倍。Yu Tao 等用该软件进行了低渗透水合物藏中多井同时生产对天然气产量影响的数值模拟计算,结果表明,双井系统在低渗透水合物藏降压采气应用中效果最好,但随着井数的增加,采气潜力反而下降;当降压开采的井数大于 2 时,低渗透水合物藏可能出现“盲区效应”。

2.1.2　MH21-HYDRES

MH21-HYDRES 水合物模拟器(简称 MH21)是日本天然气水合物资源开发研究联合会专门开发的天然气水合物生产模拟系统。日本作为最早建立国家级甲烷水合物研发计划的国家之一，对水合物的关注可追溯至 20 世纪 80 年代。2001 年 7 月，日本经济产业省发布了《日本甲烷水合物开发计划》，该计划分为三个阶段：第一阶段(2001—2008 财年)的主要任务是推进基础研究(勘探技术等)，选择资源区域作为近海试采的对象，通过陆上试采的实施进行技术验证等；第二阶段(2009—2015 财年)的主要任务是推进基础研究(生产技术等)，在日本近海区域实施海上试采等；第三阶段(2016—2018 财年)的主要任务是开发相关技术并实现商业化开发，开展经济和环境影响评价等。MH21 是该研究计划第一阶段的成果，模型中考虑五个相(气、水、冰、盐和水合物)和六个组分(甲烷、氮、二氧化碳、水、甲醇、盐)。基于该模拟器探讨了最适合 Nankai 海槽东部海域的生产方法，发现降压法可作为主要的有效生产方法，并通过与加拿大多年冻土带的第二次陆上试采结果(产气量和产水量)的拟合证实了该模拟器预测结果的可靠性。Y. Konno 等认为用 MH21 进行水合物降压分解计算时，需改变常规相对渗透率曲线的形状，同时冰的生成会加速气体的产出。

MH21 的特征如下：

(1) 使用三维(3D)笛卡儿坐标和二维(2D)径向坐标，可以应用局部网格加密；

(2) 根据达西定律和相对渗透率曲线计算气、水流动；

(3) 有效渗透率是水合物饱和度和冰饱和度的函数；

(4) 考虑水合物和冰分解时的吸热效应，以及水合物和冰生成时的放热效应；

(5) 甲烷水合物分解动力学模型采用 Kim-Bishnoi 方程；

(6) 气-甲烷水合物-水、气-甲烷水合物-冰的相平衡压力是温度和甲醇/盐浓度的函数；

(7) 可以应用各种边界条件，如恒压生产、恒速生产、等表面压力/温度和可变表面压力/温度。

2.1.3　CMG-STARS

CMG 是由加拿大 Computer Modeling Group 开发的模拟常规油气藏开采的大型商业数值模拟软件，在油气田开发领域得到了普遍关注和广泛使用。CMG-STARS 是其中一个多组分的热采数值模拟器，其数学模型包括质量守恒、能量守恒、系统变化方程等，能够描述组分、热量等在多孔介质中的传递过程，以及它们与流体和岩石性质间的相互影响。该模拟器包含组分从某一相到另一相的分配系数，能模拟在非平衡条件下化学反应的传质问题，也能模拟冰相的存在。

CMG-STARS结合了强大的反应动力学和地质力学工具，可扩展应用于水合物藏的模拟计算中。S. Gandra将该软件扩展应用到水合物藏的模拟计算中，将有关输入参数进行假设和调整，模拟研究水合物藏不同参数对分解产气的敏感性。M. Gaddipati将CMG-STARS计算结果与T+H及MH21等软件的计算结果进行了对比，验证了CMG-STARS用于模拟水合物藏的可行性，并对墨西哥湾三个水合物站位进行了开采模拟计算，认为降压开采具有较大的生产潜力。M. Lamedo利用CMG-STARS模拟天然气水合物的开采，将水合物看作不能流动的流体；M. Uddin把天然气水合物当作固体，利用CMG-STARS模拟计算，结果表明用CMG-STARS模拟天然气水合物是可行的。M. Uddin等用该软件进行了CO_2置换开采水合物的模拟计算，并对Mallik地区三个层段的水合物进行了降压开采模拟计算。J. Klump将实验结果与CMG-STARS模拟计算结果进行了对比。C. Ciraldo用该软件对水合物藏降压开采的敏感因素进行了分析，认为绝对渗透率、井底压力、岩石的热传导系数等对产气影响较大。挪威国家石油公司将CMG-STARS作为基本模拟器应用于大型海洋水合物矿床的研究中。在Mt. Elbert测试井的长期生产模拟研究中，使用CMG-STARS建立了水合物饱和度的非均质性模型，发现由于高渗透通道的存在，非均质水合物储层的生产性能优于均质水合物储层。另外，该模拟器还可被用来对永冻层水合物矿床进行经济分析。

2.1.4 STOMP-HYD

STOMP(subsurface transport over multiple phases)模拟器是由美国太平洋西北国家实验室(PNNL)开发的，它设计为不同的功能模块，可以解决地下环境中一维、二维、三维情况下的非稳定流和热传递问题。STOMP-HYD是美国太平洋西北国家实验室在韩-美天然气水合物联合计划的支持下基于Fortran90的模拟器编写而成的，是STOMP的一个模块，可用于模拟天然气水合物的形成和分解。STOMP-HYD除了能够模拟热刺激、降压和抑制剂注入等条件下水合物储层的分解特征之外，还能够描绘天然气水合物CO_2置换的生产特征。

此后，M. D. White对只考虑平衡分解的STOMP-HYD模拟器进行了完善，改进为新的可以考虑水合物分解动力学的STOMP-HYDT-KE模拟器，新模拟器能够进行$CH_4/CO_2/N_2$客体分子交换的分解动力学模拟，并解决了计算的收敛性问题。H. A. Phale等使用STOMP-HYD模拟器，采用五点法井网，研究了不同CO_2注入相态、温度、压力及注入方式下CO_2置换开采第Ⅰ类水合物藏的效果，模拟时首先降压生产直至CH_4生产速率开始下降，然后注入CO_2。研究结果表明，低压注入CO_2时有较少CO_2水合物生成，且注入的CO_2与CH_4水合物的接触面积有限。White等应用STOMP-HYD研究了一类永久冻土沉积物的二氧化碳置换开采，发现水合物的二次生成导致产水量和注入能力下降。B. Anderson等应用STOMP-HYDT-KE模拟器进行了IgnikSikumi现场试验的模拟计算，结果表明现场试验气体交换速度是实验室实验的1/10，可能是由于结冰或其他未知机制造成的。

2.2　HydrateResSim 数学模型

HydrateResSim(HRS)软件是 TOUGH＋的第一个成员，是由劳伦斯伯克利国家实验室基于早期的 TOUGH-Fx 软件开发出来的，是 TOUGH2 家族的继任者，也是模拟多组分、多相流的开源代码。本节以 HRS 数值模拟为例，讲述水合物开采数值模拟的数学模型及其求解方法。

HRS 包括水合物合成和分解的平衡模型和动力学模型。该模型考虑了热和四个组分的质量，包括水、水合物、甲烷和水溶性抑制剂(如盐或醇)。这些都被归类为四种可能的相态(气相、水相、冰相与水合物相)。抑制剂的影响、水合物的分解和合成、相态的变化和相应的热效应都在模型中有全面描述。该模型可以单独或联合地描述所有可能的水合物开采方式(包括降压、热刺激、抑制剂诱导效应)的作用。

HRS 数学模型假设条件如下：

(1) 多孔介质中水相和气相的流动符合达西渗流定律；

(2) 在溶解的气体和抑制剂的运输中，机械扩散量相比对流量小，因此可忽略机械扩散；

(3) 考虑压力对岩石及流体密度的影响，储层中岩石和流体是可微压缩的；

(4) 水合物的可压缩性和热膨胀系数与冰相同；

(5) 不考虑冻结时地质介质的运动(土壤冻胀)，采用一个相对大的孔隙压缩系数来考虑由水相和冰相之间的密度差异引起的压力影响；

(6) 在水的凝结过程中，溶解盐不随着浓度的增加而发生沉淀，因此盐存在时水相是不允许消失的；

(7) 溶解抑制剂的浓度不影响水相的热物理性质。

2.2.1　平衡模型

平衡模型用来描述水合物分解或合成的瞬时反应过程，即达到水合物平衡条件——压力低于水合物平衡压力或者温度高于水合物平衡温度时，水合物就会立刻发生分解并瞬间完成。

平衡模型中包含水、甲烷及抑制剂这三个组分，分布于水相、气相、冰相及水合物相四个相中。水合物相由水和甲烷组成，气相由甲烷及水蒸气组成，冰相由水组成，水相由水、溶解的甲烷和抑制剂组成。相与组分之间的关系见表 2-1。

表 2-1　平衡模型中相与组分的关系表

相	水(i=w)	甲烷(i=m)	抑制剂(i=i)	水合物(i=h)
水相(j=W)	w_W^w	w_W^m	w_W^i	0
气相(j=G)	w_G^w	w_G^m	0	0
冰相(j=I)	1	0	0	0
水合物相(j=H)	$\frac{w^w}{w_H}$	$1-\frac{w^m}{w_H}$	0	0

注:w 表示质量分数。

质量守恒方程和能量守恒方程如下所示:

$$\underbrace{\frac{d}{dt}\int_{V_n}(M^i)dV}_{累积项}=\underbrace{\int_{\Gamma_n}F^i\cdot n d\Gamma}_{流动项}+\underbrace{\int_{V_n}q^i dV}_{源汇项} \tag{2-1}$$

式中　V_n——子域 n 的体积,m^3;

M^i——组分 i 的质量累积项,kg/m^3;

Γ_n——子域 n 的表面积,m^2;

F^i——组分 i 的达西速度,$kg/(m^2\cdot s)$;

q^i——组分 i 的源汇项,$kg/(m^3\cdot s)$;

t——时间,s。

1) 质量守恒方程

式(2-1)中,平衡模型的质量累积项 M^i 为:

$$M^i=\sum_{j=W,G,I}\phi S_j\rho_j w_j^i \quad (i=w,m,i) \tag{2-2}$$

式中　ϕ——孔隙度;

S_j——j 相饱和度;

ρ_j——j 相密度,kg/m^3;

w_j^i——i 组分在 j 相中的质量分数,%。

质量流动项 F^i 为:

$$F^i=\sum_{j=W,G}F_j^i \quad (i=w,m,i) \tag{2-3}$$

其中

$$F_W^i=-k\frac{k_{rW}\rho_W}{\mu_W}w_W^i(\nabla p_W-\rho_W g)$$

$$F_G^i=-k\left(1+\frac{b}{p_G}\right)\frac{k_{rG}\rho_G}{\mu_G}w_G^i(\nabla p_G-\rho_G g) \quad (i=w,m)$$

式中　k——渗透率,μm^2;

k_{rW},k_{rG}——W 相、G 相的相对渗透率;

p_G——G 相的压力,Pa;

$\nabla p_{\mathrm{W}}, \nabla p_{\mathrm{G}}$——W 相、G 相的压力梯度，Pa/m；

$\mu_{\mathrm{W}}, \mu_{\mathrm{G}}$——W 相、G 相的动力黏度，Pa·s；

b——Klinkenberg 系数，用来描述气体在低渗孔隙中的滑脱效应；

g——重力加速度，取 9.8 m/s^2。

质量源汇项 q^i 为：

$$q^i = \sum_{j=\mathrm{W,G}} w_j^i q_j \quad (i = \mathrm{w, m}) \tag{2-4}$$

由表 2-1 中对相与组分之间关系的说明得到以下各组分的质量守恒方程。

（1）水组分。

$$\frac{\mathrm{d}}{\mathrm{d}t}\left(\phi S_{\mathrm{W}}\rho_{\mathrm{W}}w_{\mathrm{W}}^{\mathrm{w}} + \phi S_{\mathrm{G}}\rho_{\mathrm{G}}w_{\mathrm{G}}^{\mathrm{w}} + \phi S_{\mathrm{I}}\rho_{\mathrm{I}} + \frac{NM^{\mathrm{w}}}{M^{\mathrm{h}}}\phi S_{\mathrm{H}}\rho_{\mathrm{H}}\right) = \nabla \cdot \left[-k\frac{k_{\mathrm{rW}}\rho_{\mathrm{W}}}{\mu_{\mathrm{W}}}w_{\mathrm{W}}^{\mathrm{w}} \cdot (\nabla p_{\mathrm{W}} - \rho_{\mathrm{W}} g) - k\left(1 + \frac{b}{p_{\mathrm{G}}}\right)\frac{k_{\mathrm{rG}}\rho_{\mathrm{G}}}{\mu_{\mathrm{G}}}w_{\mathrm{G}}^{\mathrm{w}}(\nabla p_{\mathrm{G}} - \rho_{\mathrm{G}} g)\right] + q_{\mathrm{W}}w_{\mathrm{W}}^{\mathrm{w}} + q_{\mathrm{G}}w_{\mathrm{G}}^{\mathrm{w}} + q_{\mathrm{I}}\rho_{\mathrm{W}} \tag{2-5}$$

式中　N——水合指数；

M^{w}——w 组分的摩尔质量，g/mol；

M^{m}——m 组分的摩尔质量，g/mol；

M^{h}——h 组分的摩尔质量，g/mol；

$q_{\mathrm{W}}, q_{\mathrm{G}}, q_{\mathrm{I}}$——W 相、G 相、I 相的质量流量，kg/(m^3·s)。

（2）甲烷组分。

$$\frac{\mathrm{d}}{\mathrm{d}t}\left(\phi S_{\mathrm{W}}\rho_{\mathrm{W}}w_{\mathrm{W}}^{\mathrm{m}} + \phi S_{\mathrm{G}}\rho_{\mathrm{G}}w_{\mathrm{G}}^{\mathrm{m}} + \frac{M^{\mathrm{m}}}{M^{\mathrm{h}}}\phi S_{\mathrm{H}}\rho_{\mathrm{H}}\right) = \nabla \cdot \left[-k\frac{k_{\mathrm{rA}}\rho_{\mathrm{A}}}{\mu_{\mathrm{W}}}w_{\mathrm{W}}^{\mathrm{m}}(\nabla p_{\mathrm{W}} - \rho_{\mathrm{W}} g) - k\left(1 + \frac{b}{p_{\mathrm{G}}}\right)\frac{k_{\mathrm{rG}}\rho_{\mathrm{G}}}{\mu_{\mathrm{G}}}w_{\mathrm{G}}^{\mathrm{m}}(\nabla p_{\mathrm{G}} - \rho_{\mathrm{G}} g)\right] + q_{\mathrm{W}}w_{\mathrm{W}}^{\mathrm{m}} + q_{\mathrm{G}}w_{\mathrm{G}}^{\mathrm{m}} \tag{2-6}$$

（3）抑制剂组分。

$$\frac{\mathrm{d}}{\mathrm{d}t}\{[\phi S_{\mathrm{W}} + (1-\phi)\rho_{\mathrm{R}}K^{\mathrm{i}}]\rho_{\mathrm{W}}w_{\mathrm{W}}^{\mathrm{i}}\} = \nabla \cdot \left[-k\frac{k_{\mathrm{rW}}\rho_{\mathrm{W}}}{\mu_{\mathrm{W}}}w_{\mathrm{W}}^{\mathrm{i}}(\nabla p_{\mathrm{W}} - \rho_{\mathrm{W}} g)\right] + q_{\mathrm{W}}w_{\mathrm{W}}^{\mathrm{i}} \tag{2-7}$$

式中　ρ_{R}——岩石密度，kg/m^3；

K^{i}——i 组分的扩散系数。

2）能量守恒方程

能量累积项 M^{e} 为：

$$M^{\mathrm{e}} = (1-\phi)\rho_{\mathrm{R}}c_{\mathrm{R}}T + \sum_{j=\mathrm{W,G,H,I}}\phi S_j\rho_j U_j + \phi\rho_{\mathrm{H}}\Delta S_{\mathrm{H}}\Delta H^0 \tag{2-8}$$

式中　c_{R}——R 相的比热容，J/(kg·K)；

$\phi\rho_{\mathrm{H}}\Delta S_{\mathrm{H}}\Delta H^0$——水合物分解的相变潜热，其中 ΔH^0 为单位质量水合物分解所需热量，J/kg；

ΔS_{H}——分解的水合物饱和度；

U_j——j 相的比内能，J/m^3；

T——温度，K。

气相的质量内能具有非常强大的功能，可由下式给出：

$$U_G = \sum_{i=w,m} X_g^i U_G^i + U_{dep} \tag{2-9}$$

式中　U_G^i——气相中组分 i 的比内能，J/m^3；

U_{dep}——混合气释放的比内能，J/m^3，下标 dep 表示释放。

水相的内能包含了水、甲烷和抑制剂溶液的影响，可由下式估算：

$$U_W = x_W^w U^w + x_W^m (U^m + U_{sol}^m) + x_W^i U_{sol}^i \tag{2-10}$$

式中　U^w——水占主导条件下的比内能，J/m^3；

U_{sol}^m，U_{sol}^i——甲烷和抑制剂在水中溶解放热的比内能，J/m^3，下标 sol 表示溶解。

水合物相的质量内能由下式确定：

$$U_H = U_H(p, T) = \int_{T_0}^{T} c_H \mathrm{d}T - \frac{p}{\rho_H} \tag{2-11}$$

式中　T_0——基准温度，K；

c_H——H 相的比热容，J/(kg·K)。

能量流动项 F^e 为：

$$F^e = -[(1-\phi)K_R + \phi(S_H K_H + S_I K_I + S_W K_W + S_G K_G)]\nabla T + \sum_{j=W,G} h_j F_j \tag{2-12}$$

式中　∇T——温度梯度，K；

h_j——j 相的焓，J/kg；

F_j——j 相的流动项，$kg/(s \cdot m^2)$；

K_R，K_H，K_I，K_W，K_G——R 相（岩石）、H 相、I 相、W 相、G 相的热传导系数，W/(m·K)。

能量源汇项为：

$$q^e = q_d + \sum_{j=W,G} h_j q_j \tag{2-13}$$

式中　q_d——单位时间直接向单位体积的水合物储层输入的热量（如微波、电磁加热），$J/(s \cdot m^3)$。

根据表 2-1 中对相与组分之间关系的说明，可以得到平衡模型的能量守恒方程：

$$\begin{aligned}
&\frac{\mathrm{d}}{\mathrm{d}t}\{(1-\phi)\rho_R c_R T + \phi S_W \rho_W [w_W^w U^w + w_W^m (U^m + U_{sol}^m) + w_W^i U_{sol}^i] + \phi S_G \rho_G (w_G^w U_G^w + w_G^m U_G^m + \\
&U_{dep}) + \phi S_I \rho_I U_I + \phi S_H \rho_H U_H + \phi \Delta S_H \rho_H \Delta H^o + \phi \Delta S_I \rho_I \Delta H^f)\} = \nabla\{[(1-\phi)K_R + \\
&\phi S_H K_H + \phi S_I K_I + \phi S_W K_W + \phi S_G K_G]\nabla T\} + \nabla\left\{k\left(1+\frac{b}{p_G}\right)\frac{k_{rG}\rho_G}{\mu_G}(\nabla p_G - \rho_G g)\cdot\right. \\
&\left.(w_G^w H_G^w + w_G^m H_G^m + H_{dep}) + k\frac{k_{rW}\rho_W}{\mu_W}(\nabla p_W - \rho_W g)[w_W^w H^w + w_W^m (H^m + H_{sol}^m) + w_W^i H_{sol}^i]\right\} + \\
&q_I \rho_W h_W + q_d + q_G (w_G^w H_G^w + w_G^m H_G^m + H_{dep}) + q_W [w_W^w H^w + w_W^m (H^m + H_{sol}^m) + w_W^i H_{sol}^i]
\end{aligned} \tag{2-14}$$

式中　ΔH^f——单位质量冰分解所需热量，J/kg；

H——焓,J。

3）初始(下标 i)条件

$$p\big|_{t=0}=p_{\mathrm{i}},\quad T\big|_{t=0}=T_{\mathrm{i}} \tag{2-15}$$

$$S_{\mathrm{H}}\big|_{t=0}=S_{\mathrm{Hi}},\quad S_{\mathrm{W}}\big|_{t=0}=S_{\mathrm{Wi}},\quad S_{\mathrm{G}}\big|_{t=0}=S_{\mathrm{Gi}} \tag{2-16}$$

$$w_{\mathrm{G}}^{\mathrm{w}}\big|_{t=0}=(w_{\mathrm{G}}^{\mathrm{w}})_{\mathrm{i}},\quad w_{\mathrm{W}}^{\mathrm{m}}\big|_{t=0}=(w_{\mathrm{W}}^{\mathrm{m}})_{\mathrm{i}},\quad w_{\mathrm{W}}^{\mathrm{i}}\big|_{t=0}=(w_{\mathrm{W}}^{\mathrm{i}})_{\mathrm{i}} \tag{2-17}$$

4）边界条件

(1) 内边界条件。

① 内边界为定压。

生产井(下标 gp)的气相压力为：

$$p=p_{\mathrm{gp}} \tag{2-18}$$

生产井产水速率 q_{W} 为：

$$q_{\mathrm{W}}=\frac{2\pi k k_{\mathrm{rW}} h(p_{\mathrm{W}}-p_{\mathrm{gp}})}{\mu_{\mathrm{W}}\ln(R_{\mathrm{e}}/R_{\mathrm{w}})} \tag{2-19}$$

式中　R_{e}——供给半径,m；

R_{w}——井的半径,m；

h——储层厚度,m。

产气速率 q_{G} 为：

$$q_{\mathrm{G}}=k\left(1+\frac{b}{p_{\mathrm{G}}}\right)\frac{2\pi k_{\mathrm{rG}} h(p_{\mathrm{G}}-p_{\mathrm{gp}})}{\mu_{\mathrm{G}}\ln(R_{\mathrm{e}}/R_{\mathrm{w}})} \tag{2-20}$$

注水井压力为：

$$p=p_{\mathrm{Wi}} \tag{2-21}$$

注水井注水速率 q_{Wi}为：

$$q_{\mathrm{Wi}}=\frac{2\pi k k_{\mathrm{rW}}\rho_{\mathrm{W}}(p_{\mathrm{Wi}}-p_{\mathrm{W}})}{\mu_{\mathrm{W}}\ln(R_{\mathrm{e}}/R_{\mathrm{w}})} \tag{2-22}$$

② 内边界为定产量。

生产井产水速率 q_{W} 为：

$$q=q_{\mathrm{W}} \tag{2-23}$$

生产井产气速率 q_{G} 为：

$$q=q_{\mathrm{G}} \tag{2-24}$$

注水井注水速率 q_{Wi}为：

$$q=q_{\mathrm{Wi}} \tag{2-25}$$

内边界温度条件：

$$T=T_{\mathrm{gp}}(\text{生产井}),\quad T=T_{\mathrm{Wi}}(\text{注水井}) \tag{2-26}$$

(2) 外边界条件：

$$\frac{\partial p_j}{\partial l}=0,\quad \frac{\partial T_j}{\partial l}=0,\quad (j=\mathrm{W},\mathrm{G};l\ \text{表示边界}) \tag{2-27}$$

5）辅助条件

（1）饱和度方程：

$$S_H + S_W + S_I + S_G = 1 \tag{2-28}$$

（2）气相和水相质量分数方程：

$$w_G^w + w_G^m = 1,\quad w_W^w + w_W^m + w_W^i = 1 \tag{2-29}$$

（3）毛细管压力 p_c 方程：

$$p_c = p_o[(S^*)^{-1/\lambda} - 1]^\lambda,\quad S^* = \frac{S_W - S_{irW}}{S_{maxW} - S_{irW}} \tag{2-30}$$

式中 S^*——归一化含水饱和度；

p_o——入口毛细管压力，Pa；

λ——参数；

S_W——含水饱和度；

S_{irW}——束缚水饱和度；

S_{maxW}——最大含水饱和度。

（4）有效孔隙度 ϕ_e 方程：

$$\phi_e = \phi_o e^{[\partial_p(p-p_p)+\partial_T(T-T_T)]} \tag{2-31}$$

式中 ∂_p——孔隙压缩系数，1/Pa；

∂_T——热膨胀系数，1/K；

ϕ_o——原始孔隙度。

（5）渗透率 k 变化方程：

$$k = k_o m \tag{2-32}$$

式中 k_o——原始渗透率；

m——渗透率修正指数。

（6）可溶性盐或抑制剂对水合物相平衡的影响：

$$T_s = \left[\frac{1}{T_H} - \frac{N\Delta H^f}{\Delta H^0}\left(\frac{1}{273.15} - \frac{1}{T_f}\right)\right]^{-1} \tag{2-33}$$

式中 T_s——盐溶液中水合物平衡分解温度，K；

T_H——纯水中水合物平衡分解温度，K；

T_f——盐溶解时的冰点，K。

6）状态方程

水相状态方程：

$$\rho_W = \rho_{Wo}[1 + C_W(p_W - p_{Wo})] \tag{2-34}$$

式中 ρ_{Wo}——水相原始密度，kg/m^3；

p_{Wo}——水相原始压力，Pa；

C_W——水相的压缩系数。

气相状态方程：

$$\rho_G = \frac{p_G M}{ZRT} \tag{2-35}$$

式中　M——气体的相对分子质量；

Z——气体的压缩系数；

R——通用气体常数，取 8.314 J/(mol·K)；

T——温度，K。

岩石状态方程：

$$\phi = \phi_o \left[1 + C_\phi \left(\frac{p_W + p_G}{2} - \frac{p_{Wo} + p_{Go}}{2}\right)\right] \tag{2-36}$$

式中　C_ϕ——岩石孔隙压缩系数。

7）水合物相关物理化学特性方程

由于水合物分解过程的特殊性，平衡模型中还需要考虑水合物相关物理化学特性关系式。

（1）水合物相平衡方程：

$$p_{eq} = \exp\left(e_1 + \frac{e_2}{T_{eq}}\right) \tag{2-37}$$

式中　e_1, e_2——系数；

p_{eq}——相平衡压力，kPa；

T_{eq}——相平衡温度，K。

$$e_1 = \begin{cases} 38.980 & (0\ ℃ \leqslant T_{eq} \leqslant 25\ ℃) \\ 14.717 & (-25\ ℃ \leqslant T_{eq} < 0\ ℃) \end{cases},\quad e_2 = \begin{cases} -8\,533.80 & (0\ ℃ \leqslant T_{eq} \leqslant 25\ ℃) \\ -1\,886.79 & (-25\ ℃ \leqslant T_{eq} < 0\ ℃) \end{cases} \tag{2-38}$$

（2）水合物相变潜热方程：

$$\Delta H^\circ = \exp(C_1 + C_2 T_{eq}) \tag{2-39}$$

式中　C_1, C_2——系数。

$$C_1 = \begin{cases} 13\,521 & (0\ ℃ \leqslant T_{eq} \leqslant 25\ ℃) \\ 6\,534 & (-25\ ℃ \leqslant T_{eq} < 0\ ℃) \end{cases},\quad C_2 = \begin{cases} -4.02 & (0\ ℃ \leqslant T_{eq} \leqslant 25\ ℃) \\ -11.97 & (-25\ ℃ \leqslant T_{eq} < 0\ ℃) \end{cases} \tag{2-40}$$

（3）相对渗透率变化方程：

$$\begin{cases} k_{rG} = k_{rG0}(S_{Ge}^*)^{n_G} \\ k_{rW} = k_{rW0}(S_{We}^*)^{n_W} \end{cases} \tag{2-41}$$

式中　k_{rG0}, k_{rW0}——G 相和 W 相的相对渗透率端点值；

S_{Ge}^*, S_{We}^*——可流动 G 相、可流动 W 相的有效饱和度；

n_G, n_W——G 相和 W 相指数。

2.2.2　动力学模型

与平衡模型不同，动力学模型中水合物分解速率受动力分解速率的限制，模型组分比平衡模型多一个水合物组分，即由水组分 w、甲烷组分 m、水合物组分 h 及可溶性盐（即抑制剂）组分这四种组分组成，分布在水相 W、气相 G、冰相 I 和水合物相 H 四个相中。水相由水组分、溶解甲烷组分和抑制剂组分组成，气相由甲烷组分及水蒸气组分组成，冰相由水组分组成，水合物相由水合物组分组成。相与组分之间的关系见表 2-2。

表 2-2 动力学模型中相与组分的关系表

相	水(i=w)	甲烷(i=m)	抑制剂(i=i)	水合物(i=h)
水相(j=W)	w_W^w	w_W^m	w_W^i	0
气相(j=G)	w_G^w	w_G^m	0	0
冰相(j=I)	1	0	0	0
水合物相(j=H)	0	0	0	1

与平衡模型相同，采用相同的方式，列出质量守恒方程与能量守恒方程。

1）质量守恒方程

动力学模型的质量累积项 M^i 为：

$$M^i = \sum_{j=\mathrm{W,G,I,H}} \phi S_j \rho_j w_j^i \quad (i = \mathrm{w,m,i,h}) \tag{2-42}$$

质量流动项 F^i 为：

$$F^i = \sum_{j=\mathrm{W,G}} F_j^i \quad (i = \mathrm{w,m,i}) \tag{2-43}$$

其中

$$F_\mathrm{W}^i = -k \frac{k_\mathrm{rW}\rho_\mathrm{W}}{\mu_\mathrm{W}} w_\mathrm{W}^i (\nabla p_\mathrm{W} - \rho_\mathrm{W} g)$$

$$F_\mathrm{G}^i = -k\left(1+\frac{b}{p_\mathrm{G}}\right)\frac{k_\mathrm{rG}\rho_\mathrm{G}}{\mu_\mathrm{G}} w_\mathrm{G}^i (\nabla p_\mathrm{G} - \rho_\mathrm{G} g) \quad (i = \mathrm{w,m})$$

质量源汇项为：

$$q^i = \sum_{j=\mathrm{W,G}} w_j^i q_j + q_\mathrm{H} w_\mathrm{H}^i \quad (i = \mathrm{w,m}) \tag{2-44}$$

其中

$$w_\mathrm{H}^\mathrm{w} = N\frac{M^\mathrm{w}}{M^\mathrm{h}}, \quad w_\mathrm{H}^\mathrm{m} = \frac{M^\mathrm{m}}{M^\mathrm{h}}$$

式中 N——水合指数；

q_H——水合物分解或生成速率，kg/(m^3·s)。

根据表 2-2 中对相与组分之间关系的说明，可以得到各组分的质量守恒方程。

(1) 水组分。

$$\frac{\mathrm{d}}{\mathrm{d}t}(\phi S_\mathrm{W}\rho_\mathrm{W} w_\mathrm{W}^\mathrm{w} + \phi S_\mathrm{G}\rho_\mathrm{G} w_\mathrm{G}^\mathrm{w} + \phi S_\mathrm{I}\rho_\mathrm{I}) = \nabla\cdot\left[-k\frac{k_\mathrm{rW}\rho_\mathrm{W}}{\mu_\mathrm{W}} w_\mathrm{W}^\mathrm{w}(\nabla p_\mathrm{W} - \rho_\mathrm{W} g) - \right.$$

$$\left. k\left(1+\frac{b}{p_\mathrm{G}}\right)\frac{k_\mathrm{rG}\rho_\mathrm{G}}{\mu_\mathrm{G}} w_\mathrm{G}^\mathrm{w}(\nabla p_\mathrm{G} - \rho_\mathrm{G} g)\right] + q_\mathrm{W} w_\mathrm{W}^\mathrm{w}(w - w_\mathrm{p})(y - y_\mathrm{p}) +$$

$$q_G w_G^w + q_I \rho_W + \frac{NM^w}{M^h} q_H \tag{2-45}$$

（2）甲烷组分。

$$\frac{d}{dt}(\phi S_W \rho_W w_W^m + \phi S_G \rho_G w_G^m) = \nabla \cdot \left[-k \frac{k_{rW}\rho_W}{\mu_W} w_W^m (\nabla p_W - \rho_W g) - k\left(1 + \frac{b}{p_G}\right) \frac{k_{rG}\rho_G}{\mu_G} w_G^m (\nabla p_G - \rho_G g) \right] + (q_W w_W^m + q_G w_G^m) + \frac{M^m}{M^h} q_H \tag{2-46}$$

（3）可溶性盐（抑制剂）组分。

$$\frac{d}{dt}\{[\phi S_W + (1-\phi)\rho_R K_d^i] \rho_W w_W^i\} = \nabla \cdot \left[-k \frac{k_{rW}\rho_W}{\mu_W} w_W^m (\nabla p_W - \rho_W g) \right] + q_W w_W^i \tag{2-47}$$

（4）水合物组分。

$$\frac{d}{dt}(\phi S_H \rho_H) = -q_H \tag{2-48}$$

2）能量守恒方程

对于动力学模型，能量累积项 M^e 为：

$$M^e = (1-\phi)\rho_R C_R T + \sum_{j=W,G,H,I} \phi S_j \rho_j U_j \tag{2-49}$$

能量流动项为：

$$F^e = -[(1-\phi)K_R + \phi(S_H K_H + S_I K_I + S_W K_W + S_G K_G)]\nabla T + \sum_{j=W,G} h_j F_j \tag{2-50}$$

能量源汇项为：

$$q^e = q_d + \sum_{j=W,G} h_j q_j + q_H \Delta H^\circ \tag{2-51}$$

根据表 2-2 中对相与组分之间关系的说明，可以得到动力学模型的能量守恒方程：

$$\begin{aligned}
&\frac{d}{dt}\{(1-\phi)\rho_R C_R T + \phi S_W \rho_W [w_W^w U^w + w_W^m (U^m + U_{sol}^m) + w_W^i U_{sol}^i] + \phi S_G \rho_G (w_G^m U_G^w + w_G^w U_G^w + \\
&U_{dep}) + \phi S_I \rho_I U_I + \phi S_H \rho_H U_H + \phi \Delta S_I \rho_I \Delta H^f\} = \nabla\{[(1-\phi)K_R + \phi S_H K_H + \phi S_I K_I + \\
&\phi S_W K_W + \phi S_G K_G]\nabla T\} + \nabla\left\{k\left(1+\frac{b}{p_G}\right)\frac{k_{rG}\rho_G}{\mu_G}(\nabla p_G - \rho_G g)\cdot(w_G^m h_G^w + w_G^w h_G^w + H_{dep}) + \right. \\
&\left. k\frac{k_{rW}\rho_W}{\mu_W}(\nabla p_W - \rho_W g)[w_W^w h^w + w_W^m (H^m + H_{sol}^m) + w_W^i H_{sol}^i]\right\} + q_I \rho_W h^w + q_d + \\
&\{q_G (w_G^w h_G^w + w_G^m h_G^m + H_{dep}) + q_W [w_W^w h^w + w_W^m (H^m + H_{sol}^m) + w_W^i H_{sol}^i\} + q_H \Delta H^\circ
\end{aligned} \tag{2-52}$$

3）动力学模型中水合物分解方程

$$q_H = \frac{\partial M}{\partial t} = -k_d \exp\left(\frac{\Delta E_a}{RT}\right) F_A A (f_{eq} - f_V) \tag{2-53}$$

式中　k_d——水合物分解速率，kg/(m^2·Pa·s)；

F_A——调整因子；

f_{eq}，f_V——平衡温度 T 下的三相逸度和气相逸度，Pa；

ΔE_a——水合物活化能，J/mol；

A——参与反应的表面积，m^2。

其他方程与平衡模型一致。

2.2.3 水合物藏特殊性的处理

与常规油气藏不同，由于天然气水合物的特殊性质，数学模型中涉及水合物分解及生成动力学，含水合物沉积物的绝对渗透率、相对渗透率及毛细管压力，水合物及水的相平衡，水合物分解吸热等特殊性问题。因此，本小节专门讨论对水合物藏特殊性的处理。

1）水合物分解及生成动力学模型

在水合物开采数值模拟过程中，水合物的分解动力学对于生产动态行为及产气、产水速率具有重要的影响。Kim-Bishnoi 模型是迄今为止应用最为广泛的水合物分解及生成动力学模型，该模型采用同一个模式对水合物的分解和生成动力学进行描述。在开采水合物藏的过程中，在某些地方可能发生水合物的分解行为，而在某些地方可能会发生水、气生成水合物的行为，这主要由当地的温度和压力等条件决定。因此，采用 Kim-Bishnoi 模型来描述降压法开采过程中水合物的分解和生成是很有必要的。另外一个原因是，Kim-Bishnoi 模型是在一定的理论基础上得到的，而非对实验数据进行简单的回归。

描述水合物分解和生成动力学过程的 Kim-Bishnoi 模型如下：

$$\dot{m}_G = k_d A_s (f_{eq} - f) \tag{2-54}$$

式中　$\dot{m}_G$——水合物分解得到的气体的量，mol/(m^3 · s)；

k_d——水合物的分解速率，mol/(m^2 · Pa · s)；

A_s——比面，m^2/m^3；

f——实际气体的逸度，Pa；

f_{eq}——水气平衡时的气体逸度，Pa。

Yousif 认为在通常情况下，逸度差可以用压力差来代替。

$\dot{m}_H$，$\dot{m}_G$，$\dot{m}_W$ 之间的关系如下：

$$\dot{m}_W + \dot{m}_G = \dot{m}_H \tag{2-55}$$

$$\frac{\dot{m}_G}{\dot{m}_H} = \frac{M_G}{NM_W + M_G} \tag{2-56}$$

$$\frac{\dot{m}_W}{\dot{m}_G} = \frac{NM_W}{M_G} \tag{2-57}$$

式中　$\dot{m}_H$——水合物分解的量，mol/(m^3 · s)；

$\dot{m}_W$——水合物分解得到的水的量，mol/(m^3 · s)；

M_W，M_G——水、气的相对分子质量。

由此可以确定：

$$\dot{m}_{\rm H}=k_{\rm d}A_{\rm s}(p_{\rm eq}-p)\frac{NM_{\rm W}+M_{\rm G}}{M_{\rm G}} \tag{2-58}$$

式中　$p_{\rm eq}$——水合物的相平衡压力，Pa。

对甲烷水合物而言，$N=6$，$M_{\rm W}=18$，$M_{\rm G}=16$，则有：

$$\dot{m}_{\rm H}=7.75k_{\rm d}A_{\rm s}(p_{\rm eq}-p),\quad \dot{m}_{\rm W}=6.75k_{\rm d}A_{\rm s}(p_{\rm eq}-p) \tag{2-59}$$

其中

$$k_{\rm d}=k_{0\rm i}\exp\left(-\frac{\Delta E_{\rm a}}{RT}\right) \tag{2-60}$$

式中　$\Delta E_{\rm a}$——水合物分解活化能，J/mol；

$k_{0\rm i}$——本征分解速率常数，mol/(m^2 · Pa · s)，对于Ⅰ型水合物，$k_{0\rm i}=3.6\times10^4$ mol/(m^2 · Pa · s)。

气、水和水合物三相平衡反应的方向是由反应动力学中的驱动力（$f_{\rm eq}-f$）的正负决定的。当 $p_{\rm G}<p_{\rm eq}$ 时，$f_{\rm eq}-f>0$，$\dot{m}_{\rm G}>0$，此时水合物发生分解；当 $p_{\rm G}>p_{\rm eq}$ 时，$f_{\rm eq}-f<0$，$\dot{m}_{\rm G}<0$，此时系统内消耗气相，水和气生成水合物；当 $p_{\rm G}=p_{\rm eq}$ 时，$f_{\rm eq}=f$，$\dot{m}_{\rm G}=0$，此时水、气和水合物三相处于平衡状态。

在水合物分解过程中，水相和气相所占有的空间体积是不断发生变化的，即流体流动空间是不断变化的。因此，分解动力学方程中的 $A_{\rm s}$ 也随时间发生变化。相对于多孔介质中水合物分解和生成的动力学实验和理论而言，纯水合物状态下分解动力学的实验和理论则更加容易一些。在纯水合物系统中，可以通过在反应釜内快速搅拌以消除质量传输和能量传输的影响；可以通过测量水合物颗粒尺寸的分布得到水合物分解和生成的面积，从而得到水合物分解和生成中的动力学常数。但是在多孔介质中，水合物分解和生成实验的设备和方法很难控制传质和传热的行为，尤其难以得到水合物反应的比面，因此很难观测到多孔介质内部的细微构造。目前有两种方式处理该参数。Yousif 采用 Kozeny-Carman 关系来表示比面随着水合物分解的变化情况。

$$A_{\rm s}=[\phi_{\rm e}^3/(2k)]^{0.5} \tag{2-61}$$

其中

$$\phi_{\rm e}(t)=\phi(S_{\rm W}+S_{\rm G})$$

式中　$\phi_{\rm e}(t)$——有效孔隙度，表示在 t 时刻单位孔隙体积内水相和气相所占有的体积之和；

ϕ——地层的孔隙度，即水合物完全分解后的孔隙度，包括不流动相（冰、水合物）所占的孔隙空间，在水合物、冰的形成与分解过程中 ϕ 为定值，而含有可流动流体（气和水）的孔隙度 ϕ 则发生变化；

$S_{\rm W}$，$S_{\rm G}$——建立在整体孔隙体积上的 W 相、G 相饱和度；

k——地层的绝对渗透率。

采用 Kozeny-Carman 关系来估计水合物分解中的比面的基本假设是：所有的岩石孔隙表面均被水合物覆盖，且水合物分解是在所有的孔隙表面上进行的。

另外一种估算比面 A_s 的方法是 Masuda 方程：

$$A_s = \phi S_H A_{si} \tag{2-62}$$

式中 S_H——水合物相饱和度；

A_{si}——常数，m^2/m^3，等于 $3.75\times10^5\ m^2/m^3$。

该方法建立的基本假设是：水合物以球形颗粒的形式存在于岩石孔隙中，颗粒的平均直径为 16 μm，忽略岩石孔隙表面上的水合物。水合物是以粒子—粒子（particle-by-particle）方式分解的。

实际上，自然状态下的水合物赋存方式可以归结为以下 6 种形态（图 2-1，图中 GR 表示沉积物颗粒，GH 表示水合物）：第 1 种形态，水合物存在于沉积物粒子之间作为胶结物质；第 2 种形态，水合物覆盖在沉积物颗粒表面；第 3 种形态，水合物以粒子形式构成了储层沉积物的一部分；第 4 种形态，水合物以微颗粒形式存在于储层孔隙空间内；第 5 种形态，水合物和沉积物颗粒互为沉积物基质，互为填充物；第 6 种形态，水合物以脉状或者结节状存在于裂缝孔隙之间。

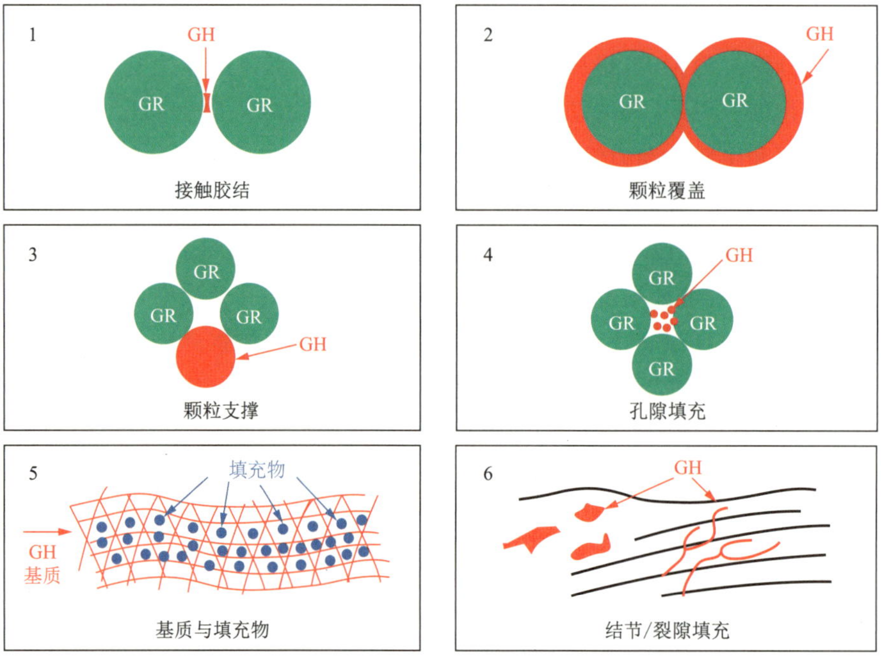

图 2-1 自然条件下水合物在多孔介质中的赋存形态

从图 2-1 可以看出，水合物的赋存形态十分复杂，因而对水合物分解比面的估算就非常困难。Kozeny-Carman 的比面估算方法实际上对应于第 2 种赋存形态，而 Masuda 方程的比面估算方法实际上是对应于第 4 种赋存形态。这两种形态也是水合物最常见的赋存形态。分析认为，水合物的存在形式可以是覆盖在沉积物颗粒表面，也可以是以小粒子的状态存在于孔隙空间，因此可以构想另外一种描述估计水合物分解比面的方法，即把 Kim-Bishnoi 和 Masuda 方程中的参数估计方法结合起来，并配以相应的权重 W，即

$$A_s = W[\phi_e^3/(2k)]^{0.5} + (1-W)\phi S_H A_{si} \tag{2-63}$$

该式等号右边的第一项为储层中水合物覆盖在多孔介质表面上的份额，第二项则为储层中水合物以微粒子形式存在于多孔介质孔隙中的份额。当权重 $W=0$ 时，表示水合物完全以微粒子形式存在；当 $W=1$ 时，则表示水合物完全以覆盖在多孔介质表面上的形式存在。构建这样的比面参数估计表达式，就可以对水合物分解比面进行更为准确的估计。该模型的困难在于如何确定权重 W。

值得注意的是，Kim-Bishnoi 模型把水合物反应描述为表面反应，该模型仅适用于具有自由气存在的情形，因为模型中采用气体逸度差作为水合物分解及合成的驱动力。实际上，这在通常情况下是能够满足的，因为水合物分解释放而产生的甲烷气量总要高于甲烷气在水相中的溶解量。在应用该模型来预测水合物的形成过程时，不能描述水合物的成核过程，而水合物的成核过程对于水合物的形成反应是很重要的。然而在多孔介质中可以忽略水合物成核过程的影响，因为分选很好的砂粒可以为非均匀的成核过程提供很好的条件，在这些系统中，成核过程非常快。H. O. Kono 等的实验也表明，和纯水合物的形成条件相比，多孔介质中水合物成核阶段的重要性较弱。水合物形成动力学速率常数的测量要比水合物分解动力学速率常数的测量困难很多，可采用 P. Englezos 等的实验结果，即分解动力学速率常数为 $0.587\,5\times10^{-11}$ mol/(m^2·Pa·s)。

2）绝对渗透率模型

在气、水相质量守恒方程中，气相、水相的有效渗透率分别为 k_G 及 k_W，且 $k_G=kk_{rG}$，$k_W=kk_{rW}$，其中 k 为绝对渗透率，k_{rW} 及 k_{rG} 分别为水相、气相的相对渗透率。由于水合物的存在，水合物储层的绝对渗透率和相对渗透率与常规油气藏有很大差别。常规油气藏的孔隙空间可以说是确定的，因而其绝对渗透率也是确定的，但在水合物储层内，水合物作为固态形式充填在孔隙空间或者作为胶结物质胶结储层。在降压过程中，水合物吸热进行分解，使得储层中的孔隙空间发生变化，储层的绝对渗透率也会发生变化，这就意味着绝对渗透率是水合物饱和度的函数。当储层温度低于冰点时，绝对渗透率除了与水合物的饱和度有关外，还与冰的饱和度分布相关，即绝对渗透率为水合物饱和度和冰饱和度的函数。从实验角度确定该函数关系相当困难，目前还未发现相关的实验报道，因此，只能从理论上对此绝对渗透率和水合物饱和度及冰饱和度的关系进行分析。采用 Civan 幂律模型（Civan 模型）估计水合物储层的归一化渗透率：

$$\frac{k}{k_0} = \frac{\phi_e}{\phi_0}\left[\frac{\phi_e(1-\phi_0)}{\phi_0(1-\phi_e)}\right]^{2\beta} \tag{2-64}$$

式中　k——绝对渗透率；

ϕ_0——参考孔隙度，即储层的最大孔隙度（水合物作为孔隙空间的一部分）；

k_0——储层的最大绝对渗透率，是与 ϕ_0 相对应的渗透率；

ϕ_e——把水合物饱和度和冰饱和度考虑在内的有效孔隙度；

β——确定绝对渗透率随着孔隙度变化而变化的指数。

图 2-2 给出了不同指数条件下归一化渗透率随着有效孔隙度变化的规律，其中储层

孔隙度 $\phi=0.3$。从图 2-2 中可以看出，随着指数的增大，归一化渗透率曲线变得越来越陡峭，意味着归一化渗透率随着水合物饱和度的增加迅速减小，即随着模型指数的增大，归一化渗透率受水合物饱和度的影响增大。

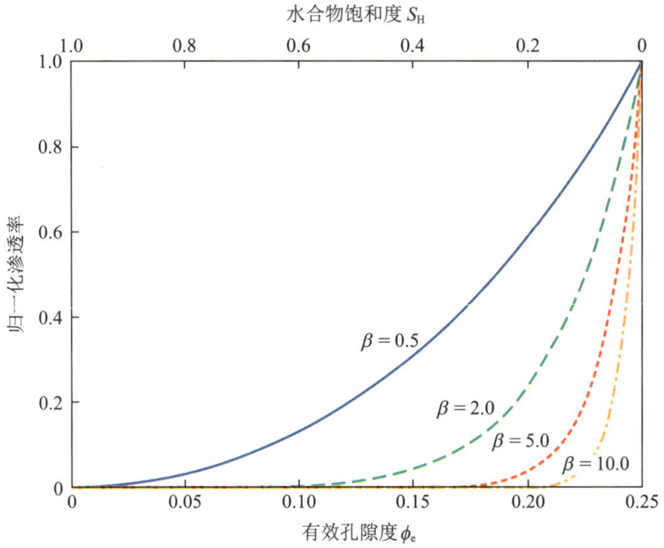

图 2-2 幂律模型中指数的影响

当考虑冰的影响时，Y. Masuda 提出了如下的归一化渗透率 k/k_0 模型（Masuda 模型）：

$$\frac{k}{k_0}=(1-S_H-S_I)^{\beta} \tag{2-65}$$

实际上，如果考虑孔隙空间中存在气相、水相、水合物相和冰相，结合前面关于有效孔隙度的定义，可得：

$$\phi_e=\phi_0(S_W+S_G)=\phi_0(1-S_H-S_I) \tag{2-66}$$

即

$$\frac{\phi_e}{\phi_0}=1-S_H-S_I \tag{2-67}$$

所以得到：

$$\frac{k}{k_0}=\left(\frac{\phi_e}{\phi_0}\right)^{\beta} \tag{2-68}$$

可以看出，Masuda 模型实质上也是幂律模型。Masuda 模型中归一化渗透率随着指数 β 的变化趋势（以水合物孔隙度 $\phi=0.25$ 为例）如图 2-3 所示。

从图 2-3 中可以看出，在 Masuda 模型中，归一化渗透率也是随着有效孔隙度的减小而减小的，指数越大，减小的趋势也就越大。图 2-4 分别给出了 $\beta=2.0$ 和 $\beta=10.0$ 条件下 Masuda 模型和 Civan 模型的比较结果。从图 2-4 中可以看出，2 个模型的归一化渗透率都随着有效孔隙度的减小而减小，并且指数增大时归一化渗透率随着有效孔隙度的减小而衰减加剧。但是，在同样的有效孔隙度条件下，Masuda 模型预测的归一化渗透率要高于 Civan 模型预测的归一化渗透率。

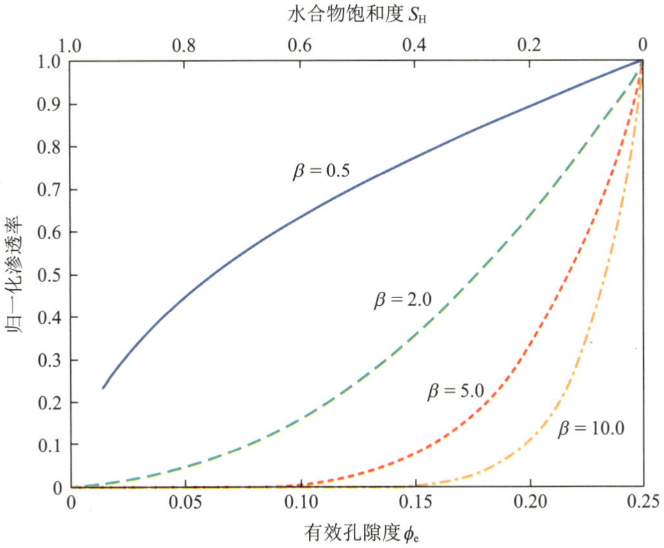

图 2-3　Masuda 模型中指数的影响

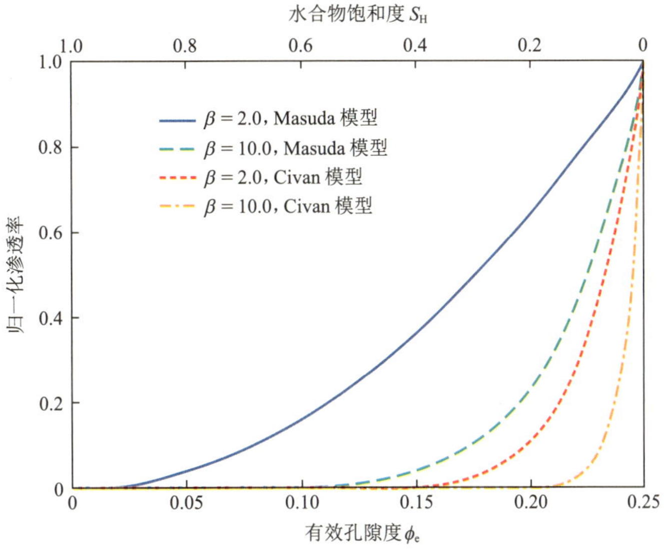

图 2-4　Masuda 模型和 Civan 模型的比较

除了上述理论模型之外，X. Sun 等和 M. H. Yousif 等根据实验确定的绝对渗透率模型为：

$$k = \begin{cases} 5.51721\phi_e^{0.86} & (\phi_e < 0.11) \\ 4.84653 \times 10^8 \phi_e^{9.13} & (\phi_e \geqslant 0.11) \end{cases} \tag{2-69}$$

该模型是对现场 Berea 砂岩实验结果的回归。图 2-5 所示模型不是通用型模型，只适用于 Berea 砂岩情况。

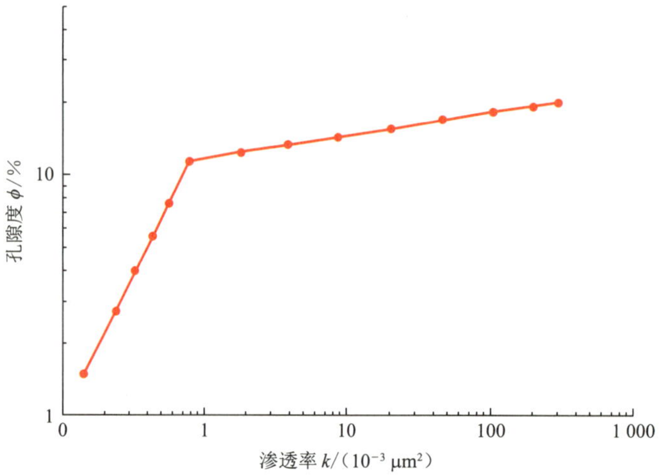

图 2-5 Berea 砂岩孔隙度和渗透率的关系

R. L. Kleinberg 等认为，水合物的微观分布对渗透率有较大影响。当水合物分布于储层骨架颗粒表面时，计算渗透率 k 的平行毛细管模型和 Kozeny 模型分别为：

$$k = \frac{\phi a^2 (1 - S_H)^2}{8} \tag{2-70}$$

$$k = k_0 (1 - S_H)^{n+1} \tag{2-71}$$

式中 ϕ——岩石孔隙度；

a——毛细管半径，m；

n——Archie 饱和指数。

当水合物分布于地层孔隙中心时，计算 k 的平行毛细管模型和 Kozeny 模型分别为：

$$k = \frac{1}{8}\phi a^2 \left[1 - S_H^2 - \frac{(1 - S_H)^2}{\lg \frac{1}{S_H^{0.5}}}\right] \tag{2-72}$$

$$k = k_0 \frac{(1 - S_H)^{n+2}}{(1 + S_H^{0.5})^2} \tag{2-73}$$

目前对含水合物储层渗透率的测量所选用的流体（水、气）、水合物（CH_4 水合物、CO_2 水合物、四氢呋喃水合物）、水合物形成方法（过量气体、过量水、冰颗粒混合）、测试条件有所不同，对实验结果的处理也缺少统一的标准。另外，测量方法多为稳态法，需要较长的时间以达到稳定渗流状态，而样品内长时间渗流极易导致孔隙流体生成新的水合物，改变样品渗流通道，进而影响绝对渗透率的大小。因此，亟须建立统一的测量方法和标准。

3）相对渗透率和毛细管压力模型

水合物分解后产生气体和水，储层内将产生气-水同时流动，而且气、水的流动空间随着水合物的分解不断改变，因此对不同水合物饱和度下气-水两相相对渗透率的研究是非常重要的。研究方法包括实验研究和理论分析。在实验方面，A. Johnson 等认为，根据水合物的成分（即甲烷和水）测量相对渗透率是不理想的，因为在驱替过程中很难避免额外的水合物生成。吕勤通过实验发现，采用氮气进行驱替会引起水合物分解，而使用甲烷只有在系统压力调整至接近相平衡压力时才可顺利实现驱替。目前对于含水合物的多孔介质，还没有有效的实验方法测定气-水两相的相对渗透率，在此方面公开发表的实验测量数据也较少。该研究的难点在于气-水两相同时流动时，可能发生水合物的生成或分解，实验难度较大。因此，目前对水合物储层相对渗透率的分析多采用理论分析的方法，通常是在常规油气藏渗透率理论基础上进行的改进。

可以采用修改的 Brooks-Corey 模型(L. W. Lake)来描述相对渗透率规律：

$$k_{rG} = k_{rG0}(S_{Ge}^*)^{n_G} \tag{2-74}$$

$$k_{rW} = k_{rW0}(S_{We}^*)^{n_W} \tag{2-75}$$

$$p_c = p_{ce}(S_{We}^*)^{-n_e} \tag{2-76}$$

式中　p_c——毛细管压力，Pa；

k_{rG0}，k_{rW0}——G 相和 W 相的相对渗透率曲线的末端值；

S_{Ge}^*，S_{We}^*——G 相和 W 相的有效饱和度的归一化形式；

n_G，n_W——与 G 相、W 相相对应的指数；

p_{ce}——进口毛细管压力，Pa；

n_e——与孔隙结构相关的指数。

进口毛细管压力 p_{ce} 是孔隙结构的函数，且与有效孔隙度相关：

$$p_{ce} = p_{ce0}\sqrt{\frac{\phi_e k_0}{\phi_0 k}} \tag{2-77}$$

式中　p_{ce0}——与参考绝对渗透率 k_0 和参考孔隙度 ϕ_0 相对应的进口毛细管压力，Pa。

相对于常规的油气藏相对渗透率规律而言，式(2-77)对饱和度做了重新定义，即定义了有效孔隙体积上的归一化气相饱和度 S_{Ge}^*、水相饱和度 S_W^{e*}：

$$S_{Ge}^* = \frac{S_{Ge} - S_{Gre}}{1 - S_{Wre} - S_{Gre}} \tag{2-78}$$

$$S_{We}^* = \frac{S_{We} - S_{Wre}}{1 - S_{Wre} - S_{Gre}} \tag{2-79}$$

$$S_{Gre} = \frac{S_{Gr}}{S_G + S_W} \tag{2-80}$$

$$S_{Wre} = \frac{S_{Wr}}{S_G + S_W} \tag{2-81}$$

$$S_{Ge} = \frac{S_G}{S_G + S_W} \tag{2-82}$$

$$S_{We} = \frac{S_W}{S_G + S_W} \tag{2-83}$$

式中　S_{Ge}，S_{We}——有效 G 相、W 相饱和度；

S_G，S_W——建立在总体孔隙体积上的 G 相、W 相饱和度；

S_{Gre}，S_{Wre}——建立在有效孔隙体积上的残余气、束缚水饱和度。

这些有效饱和度的定义实际上考虑了水合物相和冰相对气相、水相相对渗透率的影响。气相、水相相对渗透率曲线如图 2-6 所示，毛细管压力曲线如图 2-7 所示，其中 $k_{rG0}=1.0$，$k_{rW0}=0.2$，$n_W=4.0$ 和 2.0，$n_G=1.5$ 和 2.5，$p_{ce0}=10\ 000$ Pa，$n_e=1.0$。

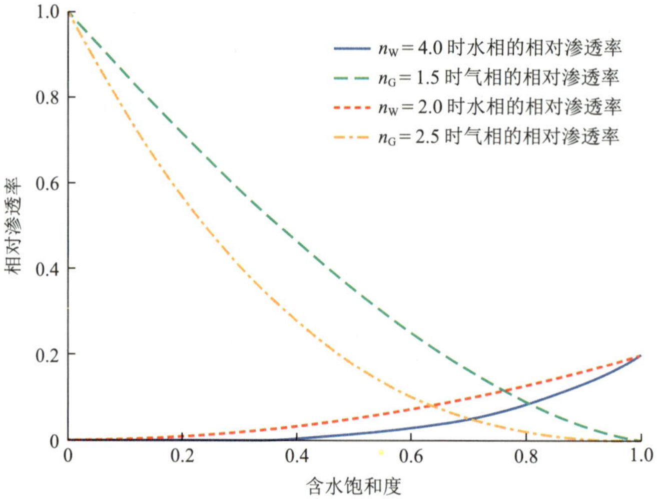

图 2-6　不同渗透率指数条件下气相、水相的相对渗透率曲线

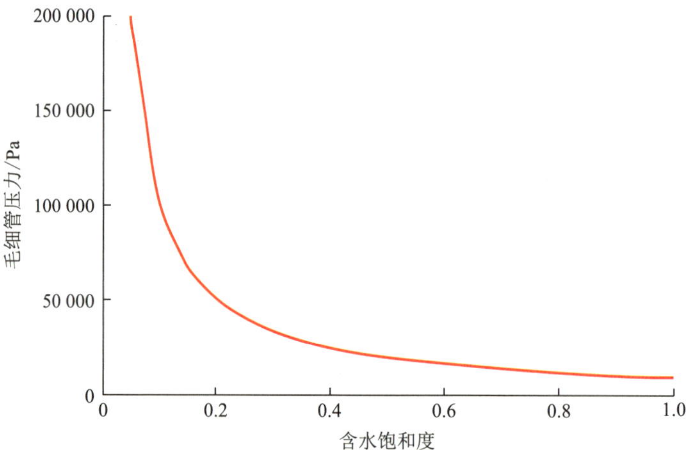

图 2-7　含水合物相多孔介质的毛细管压力曲线

也有学者提出其他的相对渗透率模型及毛细管压力模型，如 X. Sun 等提出的相对渗透率模型为：

$$k_{rW}=\left(\frac{\dfrac{S_W}{S_W+S_G}-S_{Wr}}{1-S_{Wr}-S_{Gr}}\right)^{n_W},\quad k_{rG}=\left(\frac{\dfrac{S_G}{S_W+S_G}-S_{Gr}}{1-S_{Wr}-S_{Gr}}\right)^{n_G} \tag{2-84}$$

毛细管压力模型为：

$$\frac{p_c}{p_{ce}}=\left(\frac{\dfrac{S_G}{S_W+S_G}-S_{Wr}}{1-S_{Wr}}\right)^{-n_c} \tag{2-85}$$

可以看出，X. Sun 等提出的模型实际上是对 Brooks-Corey 模型的修改，也采用有效饱和度的定义，只是在处理束缚水和残余气的饱和度时未采用有效饱和度方法。

G. J. Moridis 在 TOUGH-Fx/HYDRATE 中采用的相对渗透率模型为 Stone 模型：

$$k_{rW}=(\overline{S}_W)^n,\quad k_{rG}=\left(1+\frac{b}{p_G}\right)(\overline{S}_G)^n \tag{2-86}$$

令

$$\overline{S}_W=\frac{S_W-S_{Wr}}{1-S_{Wr}},\quad S_W^*=\frac{S_W-S_{Wr}}{1-S_{Wr}-S_{Gr}},\quad \overline{S}_G=\frac{S_G}{1-S_{Wr}},\quad S_t=\frac{S_W+S_H-S_{Wr}}{1-S_{Wr}} \tag{2-87}$$

式中　n——常数；

b——Klinkenberg 系数。

G. J. Moridis 等采用 Parker 模型来描述相对渗透率和毛细管压力函数，其中相对渗透率为：

$$k_{rG}=\sqrt{\overline{S}_W}\{1-[1-(\overline{S}_W)^{1/m}]^m\}^2$$

$$k_{rG}=\begin{cases}\left(1+\dfrac{b}{p_G}\right)\sqrt{\overline{S}_G}[1-(\overline{S}_t)^{1/m}]^{2m} & (S_{Gr}=0)\\ \left(1+\dfrac{b}{p_G}\right)[1-(S_W^*)^2](1-S_W^*)^2 & (S_{Gr}>0)\end{cases} \tag{2-88}$$

毛细管压力为：

$$p_c=-\frac{\rho_W g}{\alpha}(S_t)^{-1/m}\left(\frac{1}{S_H}\right)^{1/2} \tag{2-89}$$

式中　m——润湿参数；

α——常数，对于含有水合物的砂岩孔隙介质而言，$\alpha=0.000\ 5\ \mathrm{m^{-1}}$。

可见，这些相对渗透率模型的差异主要集中在对饱和度的处理方式上，因此不同的饱和度处理方法对水合物分解的产气、产水会有影响。

4）水合物及水的相平衡关系

水合物的相平衡关系是确定水合物分解、合成与否的重要依据。实际储层中水合物的分解过程是十分复杂的，一方面是水合物本身的相态变化；另一方面是水的相态变化，当储层温度低于水的冰点时，水的相态会发生变化。降压过程中，水合物藏中水合物和冰的相变过程如图 2-8 所示。

水合物藏在降压过程中，水合物的相平衡关系被破坏，从而发生第一次相变，分解成为水和气体。实际储层具有非均匀性，水、气在运移过程中，在某些储层性质变异的地方，由于压力的升高，可能会再次达到水合物的相平衡条件，从而使得水、气再次合成水合物，即水合物的二次生成，这是水合物发生的第二次相变过程。水合物分解是一个吸热过程，加之储层本身及储层周围环境（如底、盖层）的导热性能较差，这使得分解所需的热量无法快速从周围环境中获得，从而使水合物分解位置的温度急剧下降，当温度低于水的冰点

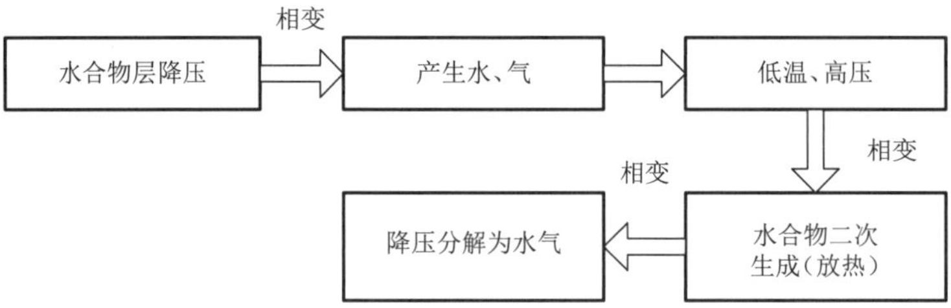

(a) 水合物相变

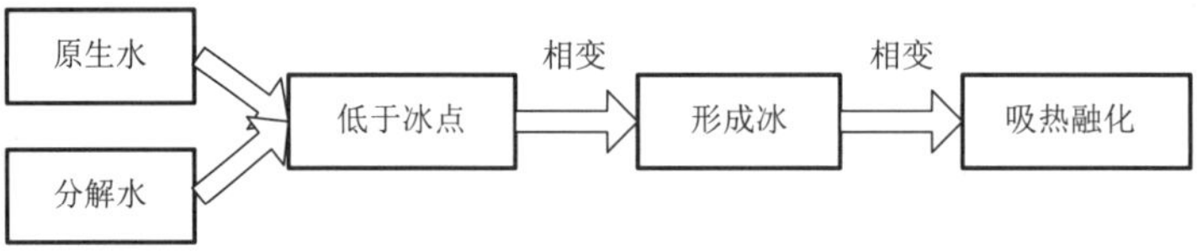

(b) 冰相变

图 2-8　水合物藏中水合物和冰的相变过程图

时，分解产生的水及储层的原生水就会发生冰冻，这是水的第一次相变。水的相变会影响水合物分解动力学过程。当周围环境中的热量传递到冰相所在的位置时，冰就有可能发生融化，再次发生相变。实际上，水合物相变和水相变是贯穿在一起、互相耦合的过程。

Y. F. Makogon 给出了水合物相平衡温度 T_e 和相平衡压力 p_e 之间的简单关系：

$$\lg p_e = a(T_e - T_0) + b(T_e - T_0)^2 + c \tag{2-90}$$

式中　T_e——水合物相平衡温度，K；

p_e——水合物相平衡压力，Pa；

T_0——取 273.15 K；

a,b,c——依赖于水合物分解的经验常数，可以通过甲烷水合物的相平衡图得出，$a=0.034\,2\ \mathrm{K}^{-1}$，$b=0.000\,5\ \mathrm{K}^{-2}$，$c=6.480\,4$。

该模型可以较好地预测温度高于 273.15 K 时的相态情况，但无法预测温度低于 273.15 K 时的相态变化情况。

图 2-9 给出了Ⅰ型天然气水合物和水的相图。图中空心圆圈所示的是 E. D. Sloan 通过大量实验得到的天然气水合物的相平衡关系数据，即相平衡温度 T_e 和相平衡压力 p_e 的关系。G. J. Moridis 对此实验数据进行了回归，得到曲线 $p_e = p_e(T)$，即图 2-9 中实线所示。图中虚线为冰-水的相平衡曲线。

在实际地层水合物存在的温度、压力范围内，压力对水冰点的影响非常微弱，因而为简单起见，水-冰(W-I)的相平衡曲线可以采用一条直线表示，即

$$T = T_{qp} \tag{2-91}$$

可见，图 2-9 所示的整个相图中具有两个很明显的边界。第一个边界是水合物相平衡曲线，当温度和压力处于该曲线之上的区域内时，水合物可以稳定存在，以水合物和冰或者水合物和水的形式存在；当温度和压力处于该曲线之下时，水合物不能稳定存在，就会发生分解，产生水和气，或者水和冰。另一个边界是水-冰相平衡曲线(虚线)，当温度和压力处于该曲线左侧时，水以冰态的形式存在；当温度和压力处于该曲线右侧时，水以液

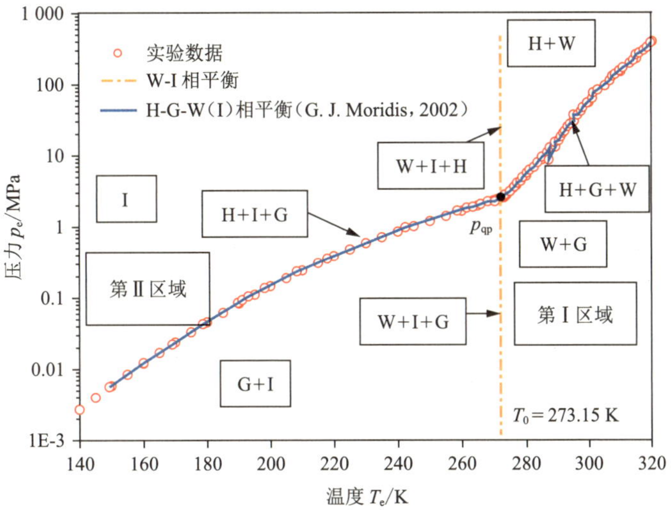

图 2-9　Ⅰ型天然气水合物和水的相图

态形式存在。这两个边界把整个温度和压力平面分为四个区间。水-冰(W-I)相平衡曲线把水合物相平衡图分为Ⅰ和Ⅱ两区域，在第Ⅰ区域，$T>T_0$，为水合物＋气＋水系统(H＋G＋W)，水以液态形式存在，而冰不能存在；在第Ⅱ区域，$T\leqslant T_0$，此时系统包含水合物＋冰＋气(H＋I＋G)，不含有液态水，水以固态冰的形式存在。$p=p_e(T)$和 $T=T_0$的交点为四相点，如图 2-9 中实心圆点所示，在温度 $T_0=273.15$ K，压力 $p_0=2.58$ MPa 处，冰、水、水合物、气四相共存。水-冰(W-I)相平衡曲线被水合物相平衡曲线分为两部分：在四相点之上，即在压力 p 大于 p_0(2.58 MPa)时为水＋冰＋水合物平衡(W＋I＋H)；在四相点之下，即压力 p 小于 p_0(2.58 MPa)时为水＋冰＋气平衡(W＋I＋G)。总之，在实际水合物储层中可能存在的相态系统包括冰＋水合物(I＋H)、气-冰(G＋I)、水合物＋冰＋气(H＋I＋G)、水＋水合物(W＋H)，水＋气(W＋G)、水合物＋气＋水(H＋G＋W)、水＋冰＋水合物(W＋I＋H)、水＋冰＋气(W＋I＋G)和水＋气＋水合物＋冰(W＋G＋H＋I)等，可见水合物藏中相态系统非常复杂。

水合物相平衡曲线的数学表达式如下：

$$p_e=\begin{cases}\exp(-43.8921173434628+0.776302133739303T-7.27291427030502\times 10^{-3}T^2+3.85413985900724\times 10^{-5}T^3-1.03669656828834\times 10^{-7}T^4+1.09882180475307\times 10^{-10}T^5) & (T<273.15\ \text{K})\\ \exp(-1.9413850446456\times 10^5+3.31018213397926\times 10^3 T-22.5540264493806T^2+0.0767559117787059T^3-1.30465829788791\times 10^{-4}T^4+8.8606531668757\times 10^{-8}T^5) & (T\geqslant 273.15\ \text{K})\end{cases} \tag{2-92}$$

5）水合物相变吸热模型

在能量守恒方程中，除考虑热传导及对流外，还要考虑水合物相变过程中所吸收的热量。水合物的分解是一个吸热相变过程，水合物分解需要吸收的热量 ΔH 为：

$$\Delta H = AT_e + B \tag{2-93}$$

式中　A, B——常数，$A=-1\ 050$ J/(kg·K)，$B=3\ 527\ 000$ J/kg。

在降压法开采水合物时，水合物分解吸收的能量来源于储层骨架、孔隙中的水气及水合物本身的能量，也从储层的周围环境中吸取热量，如盖层或者底层。

6）气相状态方程

气相的状态方程为：

$$pV = \frac{m}{M}ZRT \tag{2-94}$$

由此可得：

$$\rho = \frac{pM}{ZRT}, \quad \frac{d\rho}{dp} = \frac{M}{ZRT} + \frac{pM}{RT}\left(-\frac{1}{Z^2}\right)\frac{dZ}{dp} = \frac{pM}{ZRT}\left(\frac{1}{p} - \frac{1}{Z}\frac{dZ}{dp}\right)$$

进而得到天然气的压缩系数 C_G：

$$C_G = \frac{1}{\rho}\frac{d\rho}{dp} = \left(\frac{1}{p} - \frac{1}{Z}\frac{dZ}{dp}\right) \tag{2-95}$$

对于甲烷气体，温度在 0～20 ℃，压力范围为几兆帕到十几兆帕时，气体的压缩因子 Z 和压力 p 基本上呈线性关系。经过查表计算，可以近似得到：

$$\frac{dZ}{dp} = -7.5 \times 10^{-9} \tag{2-96}$$

由此可以计算天然气的压缩系数 C_G。

7）其他参数的处理

(1) 比热容。

在 273.15 K 时，冰融化的潜热为 334 110 J/kg，冰的比热容 c_I 随温度 T 的变化规律为：

$$c_I = \begin{cases} 185 + 6.89T & (90\ \text{K} \leqslant T \leqslant 273.15\ \text{K}) \\ 8.95T & (40\ \text{K} \leqslant T < 90\ \text{K}) \end{cases} \tag{2-97}$$

其中 T 的单位为 K，c_I 的单位为 J/(kg·K)。

水的比热容 c_W 随温度 T 变化的关系为：

$$c_W = 2\ 824.479 + 11.836\ 75T - 3.507\ 449 \times 10^{-2}T^2 + 3.603\ 819 \times 10^{-5}T^3 \tag{2-98}$$

其中 c_W 的单位为 J/(kg·K)，式(2-98)的有效温度范围为 273.15～623.2 K。

甲烷气体的比定压热容 c_{pg} 为：

$$c_{pg} = 19.25 + 5.213 \times 10^{-2}T + 1.197 \times 10^{-5}T^2 - 1.131 \times 10^{-8}T^3 \tag{2-99}$$

其中 c_{pg} 的单位为 J/(mol·K)，T 的单位为 K。

甲烷气体的黏度 μ_g 是温度 T 和密度 ρ_g 的函数：

$$\mu_g = 2.450\ 4 \times 10^{-3} + 2.867\ 4 \times 10^{-5}T + 3.279 \times 10^{-9}T^2 - 3.783\ 8 \times 10^{-12}T^3 +$$

$$2.0891\times10^{-5}\rho_g+2.5127\times10^{-7}\rho_g^2-5.822\times10^{-10}\rho_g^3+1.8378\times10^{-13}\rho_g^4 \tag{2-100}$$

(2) 热传导系数。

甲烷水合物的热传导系数 λ_h 为：

$$\lambda_h=0.49\ \mathrm{W/(m\cdot K)}$$

甲烷气的热传导系数 λ_G 为：

$$\lambda_G=-0.00935+1.4028\times10^{-4}T+3.3180\times10^{-8}T^2\quad(97\ \mathrm{K}\leqslant T\leqslant1400\ \mathrm{K}) \tag{2-101}$$

水相的热传导系数 λ_W 为：

$$\lambda_W=-0.384522+5.264\times10^{-3}T-6.38143\times10^{-6}T^2\quad(273.15\ \mathrm{K}\leqslant T\leqslant623.2\ \mathrm{K}) \tag{2-102}$$

冰的热传导系数 λ_I 为：

$$\lambda_I=1.16[1.91-8.66\times10^{-3}(T-273.15)+2.97\times10^{-5}(T-273.15)^2]$$

$$(100\ \mathrm{K}\leqslant T\leqslant273.15\ \mathrm{K}) \tag{2-103}$$

在以上的热传导系数表达式中，温度 T 的单位为 K，热传导系数 λ_j (j = G，W，H，I) 的单位为 W/(m·K)，则包含水相、冰相、气相及水合物相的沉积物的综合热传导系数为 λ_t：

$$\lambda_t=(1-\phi)\lambda_R+\sum_{j=\mathrm{W,G,H,I}}\phi S_j\lambda_j \tag{2-104}$$

式中　λ_R——岩石的热传导系数，W/(m·K)。

式(2-104)即线性热传导模型。

G. J. Moridis 对线性热传导模型提出了质疑，因为根据这个模型及给定的参数计算得到的水＋砂＋气和水＋砂＋气＋水合物差别不大。据此，他认为综合热传导系数的线性模型是不适用的。因此，G. J. Moridis 提出了一个计算综合热传导系数的新模型：

$$\lambda_t=(\sqrt{S_H}+\sqrt{S_W})(\lambda_{sw}-\lambda_{sd})+\lambda_{sd} \tag{2-105}$$

式中　λ_t——含水合物岩石的综合热传导系数，W/(m·K)；

λ_{sw}——含水砂岩的热传导系数，W/(m·K)；

λ_{sd}——干砂岩的热传导系数，W/(m·K)。

因为气体的热传导性很差，所以该模型中没有考虑气体热传导性的影响。

实际上，G. J. Moridis 是从数值计算的角度出发，运用反推法来确定含水合物沉积物的综合热传导系数。因而可以说，该模型能够保证一定的数值精度，但缺乏明显的物理意义，是一种正在发展的模型。本章基于机理分析，仍采用综合热传导系数的线性模型。

整个水合物开采的数学模型包含四个主要的控制方程(其中三个是质量守恒方程，一个是能量守恒方程)，同时包含辅助的毛细管压力方程及饱和度方程。这些方程和水合物形成分解动力学方程，水合物、水的相平衡关系，各相状态方程及渗透率模型等耦合在一起，可用来描述水合物开采过程中主要的流动、相变及传热机理。

2.3 HydrateResSim 数学模型的求解

2.3.1 主变量变换法

在传统的数值模拟研究中，都是求解一组固定的因变量，如在常规的油气藏开发模拟中，因变量为所有网格节点上的压力、饱和度及温度，在每个时间步都对这些因变量进行求解，而且随着求解时间的推移，这些因变量不会发生变化，仍旧保持着因变量的地位。然而在水合物藏开采过程中，存在相的消失和产生过程（如水合物相、冰相的出现或消失等），使得在不同时刻不同网格中的相态组合并不相同。例如，在冰水共存时，温度就无须求解，为已知量。此时，如果仍然采用传统方法对系统进行求解，就会导致很大的计算量，而且有时求解非常困难，可以说传统的求解方法已不再适用于复杂的水合物系统了。而主变量变换法却可以很好地处理此类问题。

HRS 模拟器中采用的是主变量变换法（primary variable switch method），这是处理相变过程的一种鲁棒性方法。主变量是指通过直接求解质量守恒方程和能量守恒方程得到的变量值，根据不同的相态组合定义不同的主变量。结合给定的边界条件和初始条件，使用主变量变换法进行数值模拟的计算，使用辅助方程求得其他变量。这种方法的基本思想是：根据系统所处的相态确定所需要求解的主变量，求解出主变量后再依次求解其他的次生变量。所谓的主变量，就是从离散的控制方程中直接求解出的基本未知量，对每个网格而言，主变量都是从系统中的自然变量中选取的，如压力 p、各相饱和度 S、温度 T 及各相浓度等。而其他的未被指定为主变量的未知量则被认为是次生变量，这些次生变量值是依据主变量值而确定的。一般来说，压力和温度总被当作主变量，饱和度（包括水、气、水合物、冰的饱和度）的主变量则是根据各相所处的相态来确定的。

不同相态组合下的主变量定义见表 2-3 及表 2-4。

表 2-3 平衡模型的主变量(无抑制剂)

相态组合	主变量 1	主变量 2	主变量 3
G	p_G	w_G^m	T
W	p	w_W^m	T
W+G	p_G	S_W	T
I+G	p_G	S_I	T
W+H	p	S_W	T
I+H	p	S_I	T

续表

相态组合	主变量 1	主变量 2	主变量 3
W+H+G	S_G	S_W	T
W+I+G	p_G	S_I	S_G
W+I+H	p	S_W	S_I
I+H+G	S_G	S_I	T
I+H+W+G	S_G	S_W	S_I

表中，p 为压力，Pa；p_G为气体压力，Pa；T 为温度，℃；w_W^m为水相中溶解甲烷气的质量分数；w_G^m为气相中甲烷的质量分数；S_W，S_G，S_I，S_H为水相、气相、冰相、水合物相的饱和度；w_W^i为水相中抑制剂的质量分数。

当模型中有抑制剂时，w_W^i成为主变量 3，而表 2-3 中的主变量 3 变为主变量 4。

表 2-4　动力学模型的主变量(无抑制剂)

相态组合	主变量 1	主变量 2	主变量 3	主变量 4
W	p	w_W^m	S_H	T
W+G	p_G	S_W	S_H	T
W+H	p	S_W	w_W^i	T
W+H+G	p_G	S_W	S_G	T
W+I+G	p_G	S_W	S_H	S_G
I+H+W+G	p_G	S_W	S_G	S_I

2.3.2　数学模型的离散

数学模型的离散即采用积分有限差分法(integral finite difference method，IFDM)进行全隐式离散，首先对下述差分方程进行时间及空间上的离散：

$$\underbrace{\frac{\mathrm{d}}{\mathrm{d}t}\int_{V_n} M^i \mathrm{d}V}_{\text{累积项}} = \underbrace{\int_{\Gamma_n} F^i \cdot n \mathrm{d}\Gamma}_{\text{流动项}} + \underbrace{\int_{V_n} q^i \mathrm{d}V}_{\text{源汇项}}$$

在图 2-10 中，D_{nm}为网格 n 与 m 的距离，A_{nm}为网格 n 与 m 的界面面积，F_{nm}^i为 i 组分在 A_{nm}面内法线方向的流量平均值。

1) 空间离散

累积项：

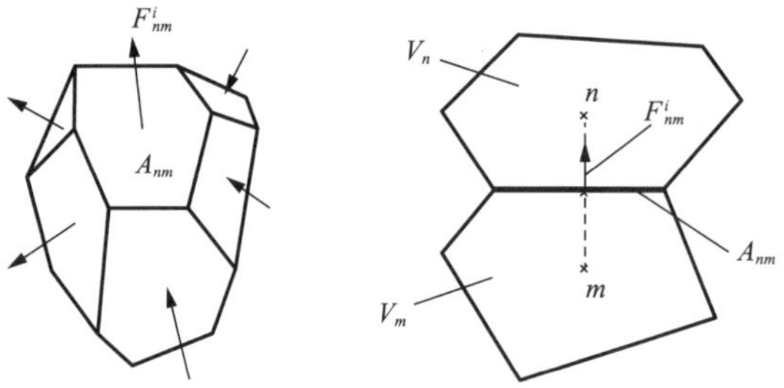

图 2-10 积分有限差分法中的空间离散化和几何数据

$$\int_{V_n} M^i \mathrm{d}V = V_n M^i = V_n \phi \left(\sum_j \phi S_j \rho_j w_j^i \right) \quad (i = \mathrm{w,m,i,h}) \tag{2-106}$$

式中 V_n, V_m——网格 n, m 的体积。

流动项：

$$\begin{aligned} \int_{\Gamma_n} F^i \cdot n \mathrm{d}\Gamma &= \sum_m A_{nm} \cdot F^i_{nm} \cdot \left(\sum_j w_j^i \cdot F_j \right)_{nm} \\ &= \sum_m A_{nm} \cdot \left[\sum_j w_j^i \cdot k_{nm} \left(\frac{k_{rj} \cdot \rho_j}{\mu_j} \right)_{nm} \cdot \left(\frac{p_{jm} - p_{jn}}{D_{nm}} + \rho_{jnm} \cdot g \cdot \cos \gamma_{nm} \right) \right] \end{aligned} \tag{2-107}$$

源汇项：

$$\int_{V_n} q^i \mathrm{d}V = q_n^i V_n = Q_n^i \tag{2-108}$$

在界面处 k_{nm} 取上游加权或调和平均值，k_{rj}/μ_j 取上游加权值，ρ_j 取算术平均值。

2）时间离散

$$\frac{\mathrm{d}M^i}{\mathrm{d}t} = \frac{1}{V_n} \sum_m A_{nm} F^i_{nm} + q_n^i \tag{2-109}$$

对时间进行一阶离散可得：

$$\frac{M_n^{i,K+1} - M_n^{i,K}}{t^{K+1} - t^K} = \frac{1}{V_n} \sum_m A_{nm} F_{nm}^{i,K+1} + q_n^{i,K+1} \tag{2-110}$$

流动项和源汇项采用 $K+1$ 时间点处的值，但此处热力学参数都不知道，故为全隐式求解。将上式写成余量形式，有：

$$R^{i,K+1} = M_n^{i,K+1} - M_n^{i,K} - \frac{\Delta t}{V_n} \left\{ \sum_m A_{nm} F_{nm}^{i,K+1} + V_n q_n^{i,K+1} \right\} = 0 \tag{2-111}$$

然后利用 Newton-Raphson 方法求解。Newton-Raphson 方法是求解非线性方程组的重要方法，能够在实数域和复数域上快速求解方程组。

2.3.3 求解步骤

综上所述，进行模拟计算时，在某个时间步内，首先确定体系的相态，根据不同相态确定不同的主变量（表 2-3 和表 2-4）；然后使用 Newton-Raphson 方法迭代求解，计算收敛后更新变量值和体系的热物性参数；最后开始下一个时间步的计算，直至达到模拟时间。计算流程如图 2-11 所示。

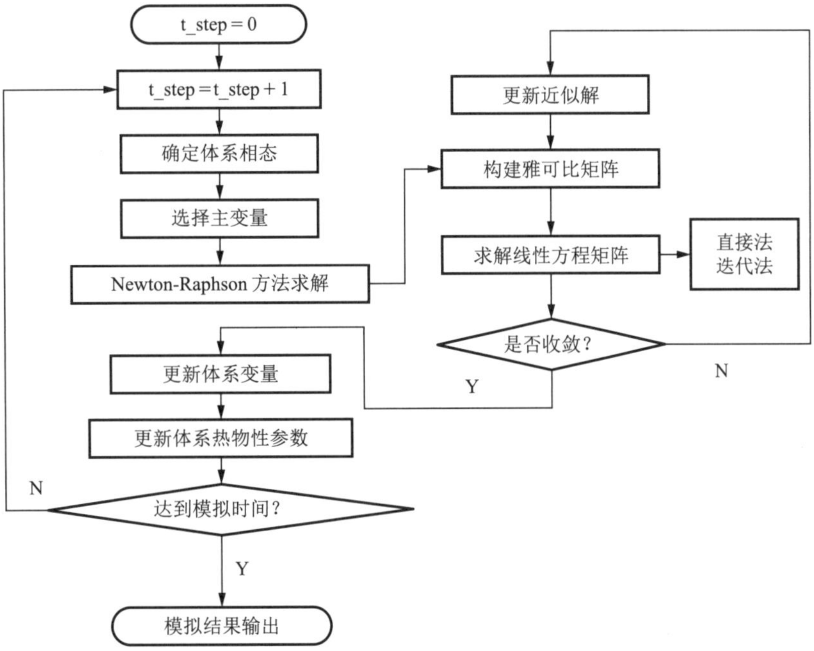

图 2-11　模拟器计算流程

2.3.4　HRS 源代码解剖

HRS 源代码完全基于模块化结构，包含 11 个模块，各个模块的功能见表 2-5。

表 2-5　HRS 源代码及模块功能

HRS 源代码	功　能
1. HRS_Allocate Mem. f95	主要用于封装一些声明，并为参数分配内存
2. HRS_Main. f95	主程序，在模拟过程中组织高级事件的调用序列，包括写入重要的通用注释的标准输出文件、处理文件所需的代码和/或执行期间创建的代码
3. HRS_Hydrate_PP. f95	主要用于描述 CH_4-水合物的属性，包括计算 CH_4-水合物三相平衡体系的相图、水合物反应的热、水合物密度和焓、动力学形成或离解反应速率等
4. HRS_H2O_PP. f95	包含所有与水相关的常数，可用于计算水（水、冰、水蒸气）的相图
5. HRS_Porous Med. f95	主要用于描述地质介质（孔隙或裂缝）的水力、热力性质，包括多相流条件下毛细管压力、相对渗透率、界面渗透率，以及流动性、界面热传导等
6. HRS_Real Gas EOS. f95	用于描述与水合物形成气体相关的所有重要常量，利用真实气体（单相或混合气体）状态方程等计算压缩系数、密度、逸度、焓（理想或实际）、内能（理想或实际）、熵（理想或实际）、导热系数、黏度、二元扩散系数、溶解度及水中的溶解热等参数

续表

HRS 源代码	功　能
7. HRS_Hydrate EOS. f95	该模块分平衡模型和动力学模型两大块，包含 CH_4 水合物状态方程，分配初始条件，计算水合物介质热物理性质，确定相的改变及 17 种可能的系统状态，建立各个网格的雅可比矩阵
8. HRS_Lin Eq Solver. f95	线性代数包，包含直接求解器及迭代求解器
9. HRS_Executive. f95	用于计算过程中推进时间进程，估算最优步长，计算质量守恒方程、注入与产出速率，输出特定的文件
10. HRS_Inputs. f95	用于输入文件中参数的读入
11. HRS_Meshmaker. f95	用于对所求空间进行离散，HRS 可生成笛卡儿网格、径向网格、裂缝网格

2.4　本章小结

(1) 本章介绍了目前应用较多的水合物开采数值模拟软件，包括 T＋H，MH21-HYDRES，CMG-STARS，STOMP-HYD 及其应用范围等。

(2) 本章分析了 HRS 水合物开采模拟的平衡模型及动力学模型的数学模型，模型中考虑气-水-水合物-冰多相渗流过程、水合物分解动力学过程、水合物相变过程、冰-水相变过程、热传导和对流过程、渗透率变化等对于水合物分解及产气、产水的影响。

(3) 针对水合物开采过程中复杂的相态变化，采用主变量转换法对控制方程进行求解，提高了求解效率。这种方法的基本思想是：根据系统所处的相态确定并求解必需的主变量，再以此求解其他的次生变量。所谓的主变量，就是从离散的控制方程中直接求解出的未知量。对每一个网格而言，主变量都是从系统中的自然变量中选取的，如压力、各相饱和度、温度及各相浓度等。而其他的未被指定为主变量的未知量则被认为是次生变量，这些次生变量值是依据主变量值而确定的。一般来说，压力和温度总被当作主变量，饱和度（水、气、水合物、冰）则根据各相所处的相态确定。

第3章 降压法开采水合物的数值模拟研究

本章首先建立降压法开采的地质模型，分析水合物藏降压开采动态；然后研究水合物降压法开采数值模拟计算中上下盖层的存在对数值模拟结果的影响；最后利用降压法地质模型参数对降压操作参数进行优化。

3.1 降压法开采动态

降压法地质模型如图 3-1 所示，模型基础参数详见表 3-1。假设储层中有水合物层和上覆、下伏盖层，水合物层的孔隙空间中被水合物和水饱和。模型大小为 500 m×500 m×80 m，其中水合物层厚度为 20 m，上覆、下伏盖层厚度均为 30 m，平面上划分为 625(即 25×25)个网格，每个网格大小为 20 m×20 m，垂向上每 2 m 划为一层网格。降压法开采动态分析时设置生产井井底压力为 5 MPa，模拟生产时间为 20 a，其中生产井的水合物层全部射开进行降压开采。

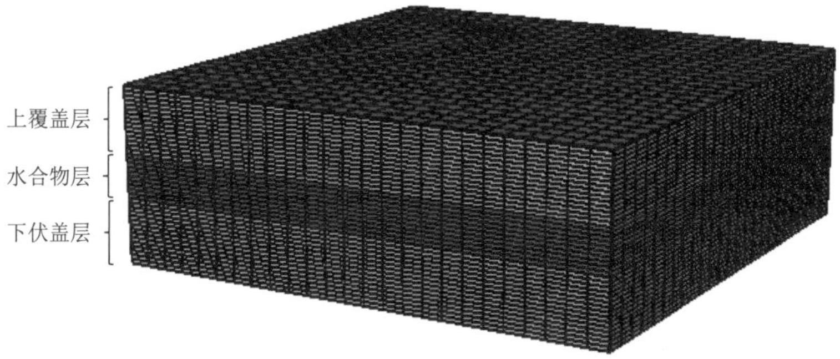

图 3-1 水合物藏地质模型

表 3-1 水合物藏地质模型基础参数

参数	取值
水合物层底界面初始压力 p_i/MPa	13.83
水合物层底界面初始温度 T_i/℃	14.15

续表

参　数	取　值
初始绝对渗透率 $k_i/(10^{-3}\ \mu m^2)$	75
初始孔隙度 ϕ_i	0.38
孔隙压缩系数 C_ϕ/MPa^{-1}	10^{-3}
地温梯度/(℃·m^{-1})	0.047
岩石密度 $\rho_R/(kg\cdot m^{-3})$	2 600
岩石比热容 $c_R/(J\cdot kg^{-1}\cdot ℃^{-1})$	1 000
岩石导热系数 $\lambda_R/(J\cdot m^{-1}\cdot d^{-1}\cdot ℃^{-1})$	3.387×10^5
气体组成	100%CH_4
初始水合物饱和度 S_{Hi}	0.4
初始含水饱和度 S_{Wi}	0.6
毛细管压力模型	$p_o=p_{co}[(S^*)^{-1/\lambda_e}-1]^{1-\lambda_c}$
	$S^*=(S_W-S_{irW})/(1-S_{irW})$
压力 p_{co}/MPa	10^{-1}
Van Genuchten 指数 λ_c	0.45
相对渗透率模型	$k_{rW}=(S_W^*)^{n_W}k_{rWo}=1$
	$k_{rG}=(S_G^*)^{n_G}k_{rGo}=1$
	$S_W^*=(S_W-S_{irW})/(1-S_{irW})$
	$S_G^*=(S_G-S_{irG})/(1-S_{irW}-S_{irG})$
束缚水饱和度 S_{irW}	0.3
束缚气饱和度 S_{irG}	0.05
水相渗透率衰减指数 n_W	3
气相渗透率衰减指数 n_G	3

3.1.1　产气变化规律

图 3-2 为水合物藏降压法开采过程中产气速度和累产气量随时间的变化曲线，可以看出，产气过程大概可以划分为 3 个阶段：

(1) 0～9 d。对应图 3-2 中的①阶段，生产井中只有水产出，产气速度和累产气量均为 0。储层初始含水饱和度为 0.6，初始水合物饱和度为 0.4，降压初期产出的水为储层中的自由水，此时压力高于相平衡压力，水合物不分解，因此生产井中没有气体产出；之后压力降到相平衡压力附近，当达到水合物分解需要的活化能后，水合物开始发生分解，但是由于束缚气饱和度和毛细管压力的存在，此时储层中的可流动流体主要是水，生产井中仍没有气体产出。

(2) 10～1 643 d。对应图 3-2 中的②阶段，产气速度和累产气量逐渐增大。生产 9 d 后，生产井有连续气体采出，产气速度从 0 逐渐增大，水合物分解区从生产井周围不断向外扩大。到 1 643 d 时，产气速度达到最大值 41 307.9 m^3/d。此阶段累产气量逐渐增大的同时增速也逐渐增大，1 643 d 时增速达到最大值，此时累产气量为 $0.290\ 4\times10^8\ m^3$。

(3) 1 644～7 304 d。对应图 3-2 中的③阶段，产气速度逐渐减小，累产气量逐渐增大。从 1 644 d 开始，随着地层压力的降低，生产压差减小，水合物分解驱动力减小，水合物分解速度减小；同时地层中剩余的可分解水合物量也越来越少，因此生产井产气速度也逐渐降低。此阶段累产气量逐渐增大，但增大速度逐渐减小。7 304 d 时，产气速度降到 5 234.38 m^3/d，累产气量达到 $0.963\times10^8\ m^3$。

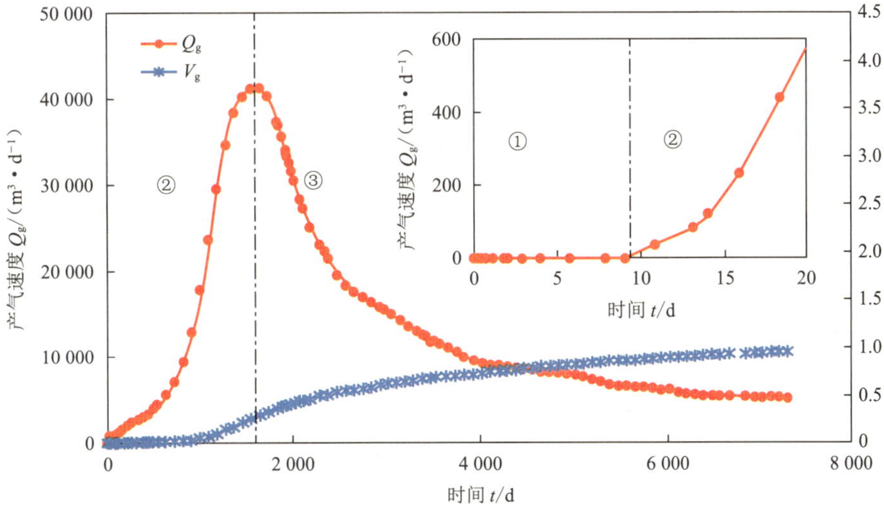

图 3-2　降压法开采过程中产气速度和累产气量随时间的变化曲线

3.1.2　产水变化规律

图 3-3 为水合物藏降压法开采过程中产水速度和累产水量随时间的变化曲线，可以看出，产水过程大概可以划分为 4 个阶段：

(1) 0～40 d。对应图 3-3 中的①阶段，产水速度由初始最高值不断下降，累产水量逐渐增大。由于初始水饱和度为 0.6，生产开始时就有大量自由水产出，产水速度达到 389.64 m^3/d。由于生产压降逐渐减小且气相相对渗透率比水大，产水速度不断下降，40 d 时已降至 120.26 m^3/d，此时累产水量为 5 696.13 m^3。

(2) 41～527 d。对应图 3-3 中的②阶段，产水速度和累产水量不断增大。该阶段产出的水一部分是储层自由水，一部分是水合物分解水。随着水合物分解区的不断扩大，产水速度逐渐增大。527 d 时达到这一阶段的最大值 156.14 m^3/d，此时累产水量为 77 365.5 m^3。

(3) 528～1 643 d。对应图 3-3 中的③阶段，产水速度逐渐减小，累产水量逐渐增大。随着开采的不断进行，产水速度在 528～1 643 d 急剧下降，1 643 d 时产水速度下降至 72.82 m^3/d，此时累产水量为 2.14×10^5 m^3。由图 3-3 可知，此阶段产气速度上升，说明水合物分解量增多。这一阶段由于气水相对渗透率的差异，产水速度不断下降，同时也说明此时产出水中自由水所占比例逐渐减小，水合物分解产出水所占比例逐渐增大。

(4) 1 644～7 304 d。对应图 3-3 中的④阶段，水合物分解速度降低，产水速度缓慢降低，累产水量逐渐增大，但增大速度减小。在 7 304 d 时产水速度达到最小值 8.89 m^3/d，与产气速度变化趋势基本一致，此时产出水大部分来源于水合物分解，而累产水量达到最大值 3.16×10^5 m^3。与累产气量的变化曲线相比，生产初期累产水量就以较高的速度增长，这主要是由于初始水饱和度为 0.6，储层自身存在大量的自由水。为了减少生产早期的产水量，刚开始生产时储层和生产井的压差不宜过大。

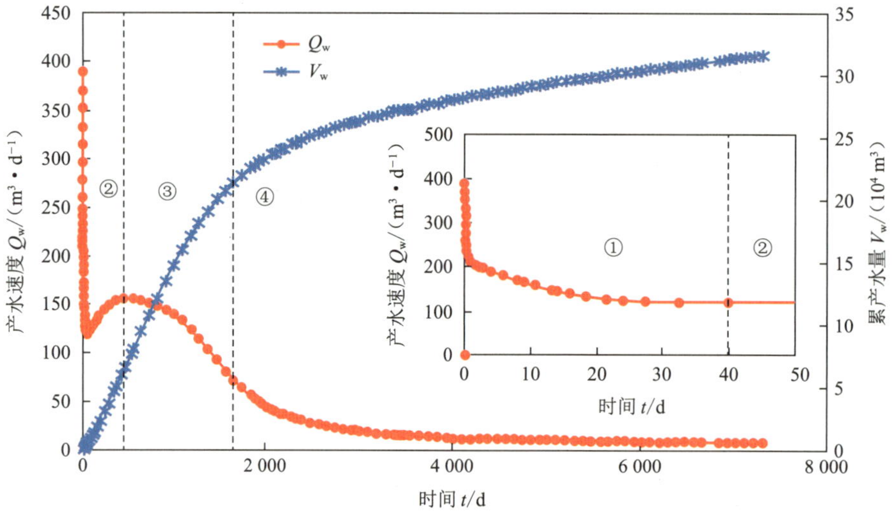

图 3-3 降压法开采过程中产水速度和累产水量随时间的变化曲线

3.1.3 压力变化规律

图 3-4 为水合物藏降压法开采过程中地层平均压力的变化曲线，可以看出，压力变化过程可以分为 3 个阶段：

(1) 0～40 d。对应图 3-4 中的①阶段，地层平均压力快速降低。投入生产后，地层平均压力快速下降，9 d 内井周围网格压力从原始地层压力 13.83 MPa 降低至相平衡压力 10.179 MPa，水合物开始分解，40 d 时整个地层平均压力降到 9.87 MPa。

(2) 41～1 643 d。对应图 3-4 中的②阶段，地层平均压力快速下降，下降速度比①阶段小。该阶段由于水合物分解产生的水和气会补充降压抽取的部分流体，使压力下降速度较①阶段变慢，1 643 d 时地层平均压力降到 6.40 MPa。

(3) 1 644～7 304 d。对应图 3-4 中的③阶段，地层平均压力不断下降，但下降速度进一步变小。该阶段由于水合物分解驱动力变小，水合物分解量变少，气水产出量变少，因此地层平均压力下降速度进一步变慢。7 304 d 时，地层平均压力降至 5.16 MPa。

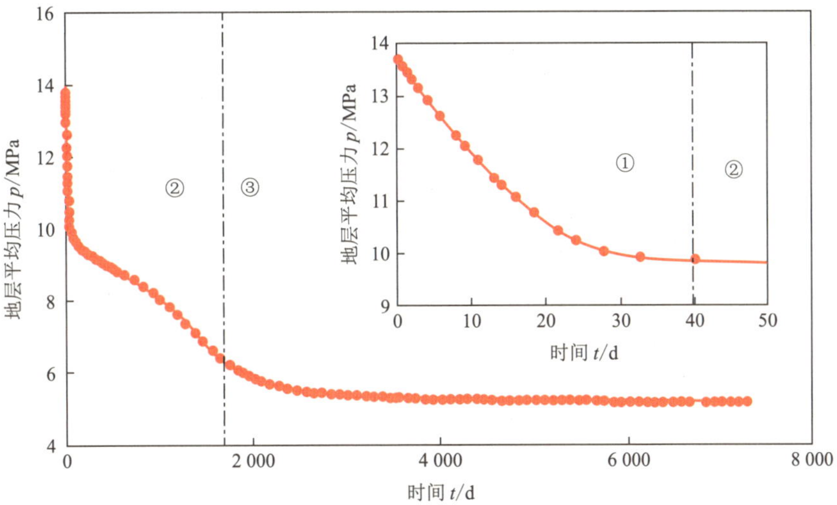

图 3-4 降压法开采过程中地层平均压力随时间的变化曲线

图 3-5 为降压法开采过程中不同时刻水合物层压力分布的纵剖面图。可以看出，水合物发生分解后，生产井周围地层压力最先下降，压降范围从生产井逐渐向外扩大，呈漏斗状。初期地层压力的降低主要靠抽取自由水，因而受重力影响，靠近上覆盖层的自由水最先被采出，上部水合物层压力最先降低。随着开采的不断进行，气和水被大量采出，压降范围逐渐扩大。20 a(约 7 304 d)时地层压力范围为 5.01～5.25 MPa。

图 3-6 为降压法开采过程中不同时刻水合物层第 5 小层压力分布的横剖面图。可以看出，压力变化范围以生产井为中心，呈圆形逐渐向四周扩散，直到生产结束时地层压力降低到最小值。

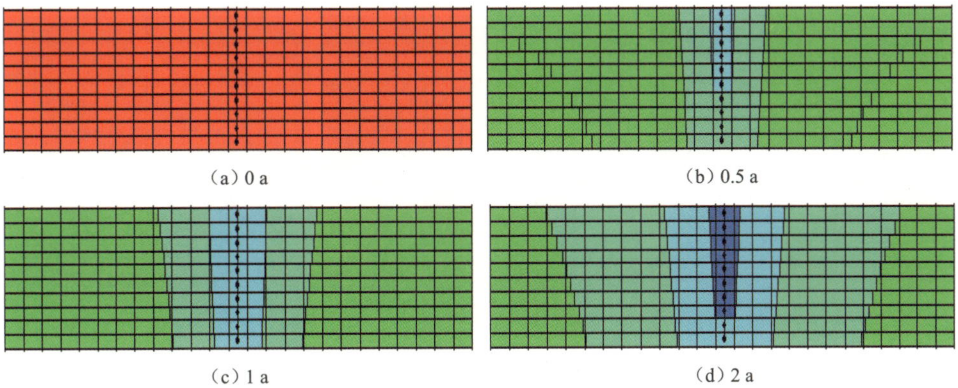

图 3-5 不同时刻水合物层压力分布的纵剖面图

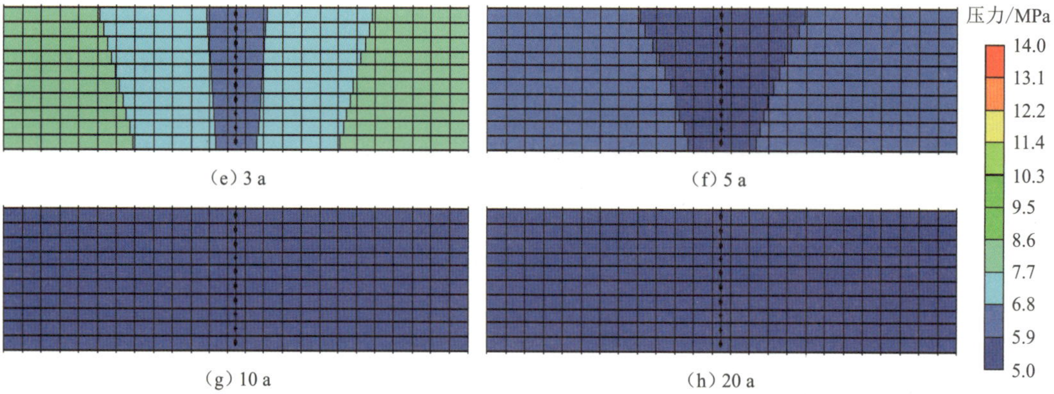

图 3-5(续)　不同时刻水合物层压力分布的纵剖面图

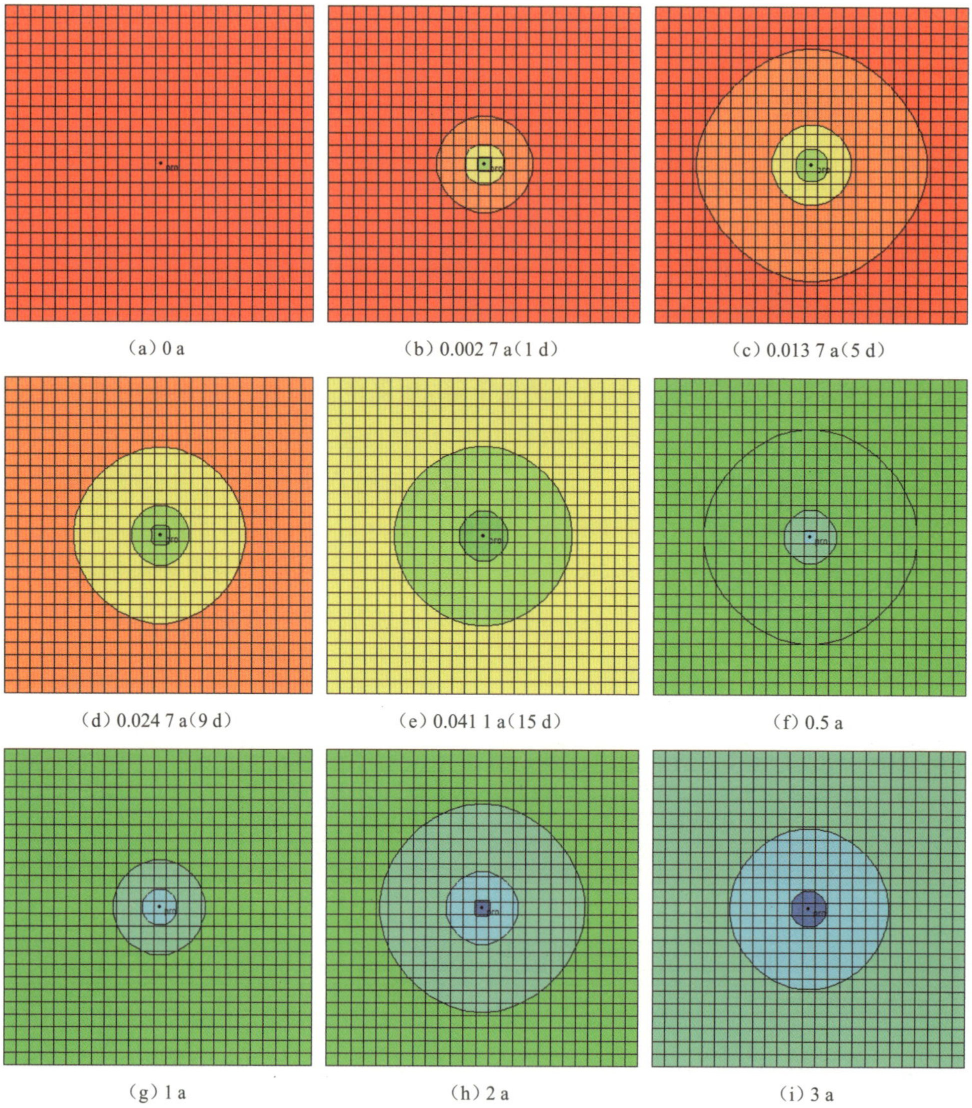

图 3-6　不同时刻水合物层(第 5 小层)压力分布的横剖面图

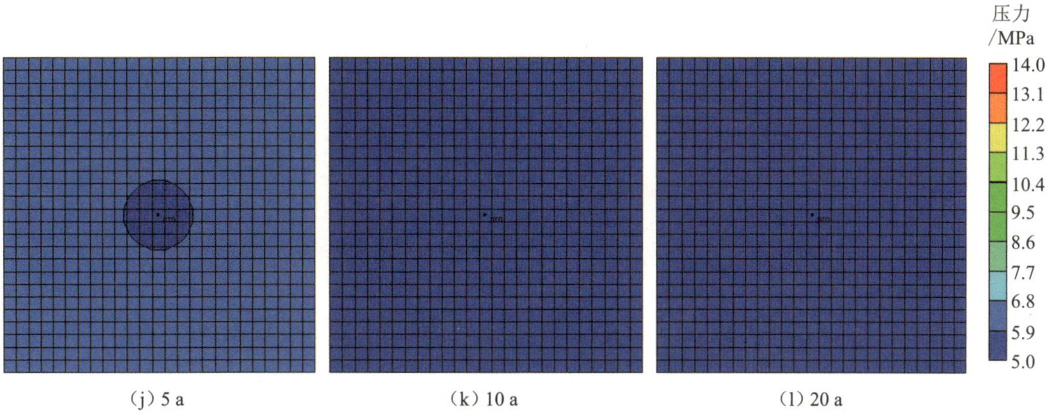

图 3-6(续)　不同时刻水合物层(第 5 小层)压力分布的横剖面图

3.1.4　温度变化规律

图 3-7 为水合物藏降压法开采过程中地层平均温度随时间的变化曲线。可以看出，由于水合物分解吸热，地层平均温度在整个开采过程中持续下降，7 304 d 时地层平均温度已降到 8.24 ℃。

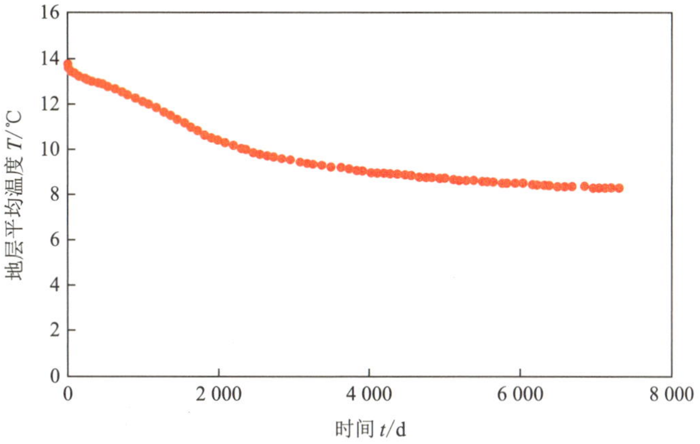

图 3-7　降压法开采过程中地层平均温度随时间的变化曲线

图 3-8 为降压法开采过程中不同时刻地层温度分布的纵剖面图。可以看出，水合物发生分解后，生产井周围地层温度最先下降，随着开采的不断进行，温度下降范围逐渐从生产井向外扩大。生产井所在顶部水合物层温度最先开始下降，这与地层初始状态下的温度分布梯度一致。由于上覆、下伏盖层的传热作用，盖层温度逐步下降，且盖层的传热作用首先发生在上覆、下伏盖层和水合物层的接触处，然后逐步向水合物中部发展，7 304 d(约 20 a)时水合物层中部温度最低，此时水合物层温度范围为 6.8～7.8 ℃。

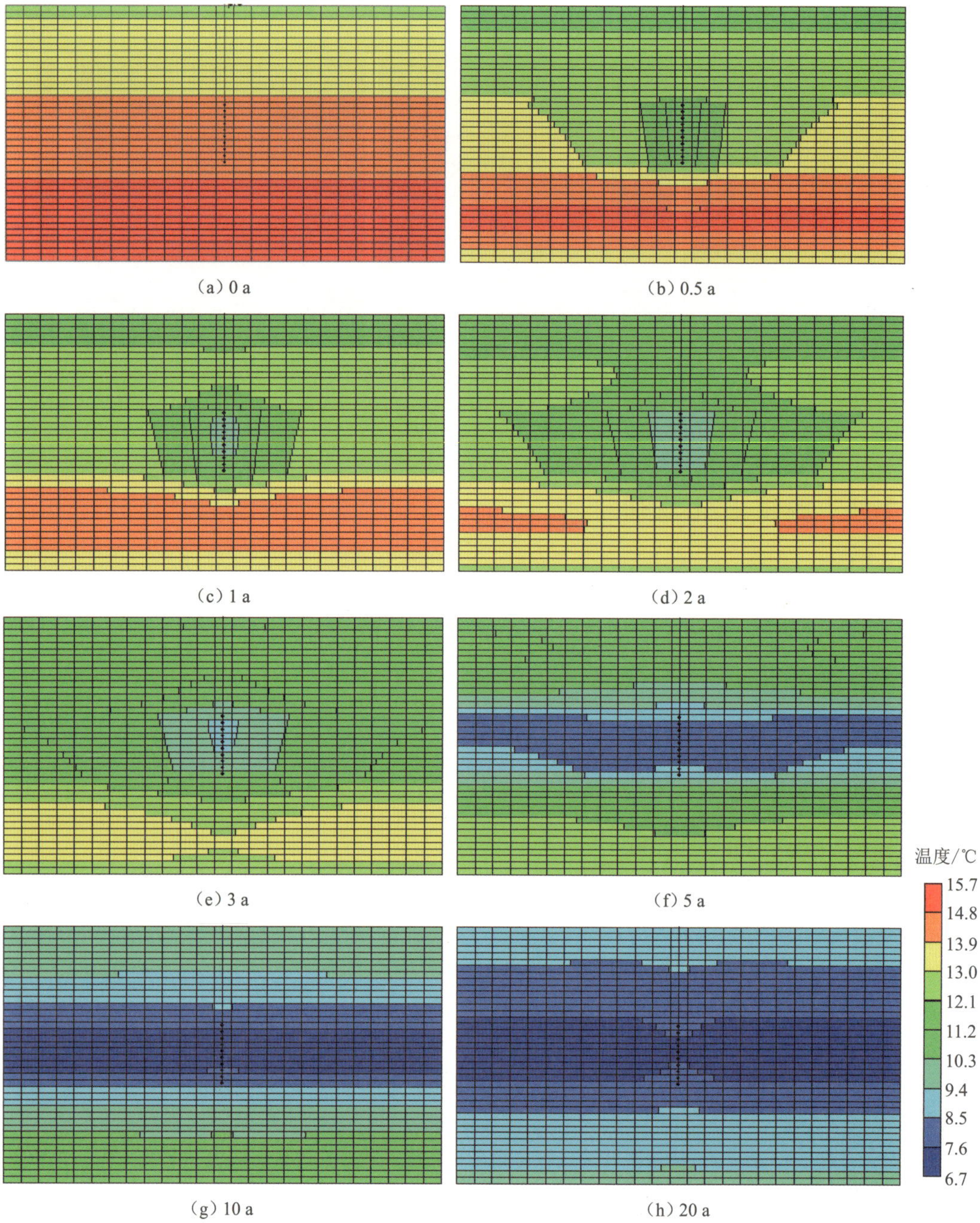

图 3-8　不同时刻地层温度分布的纵剖面图

图 3-9 为降压法开采过程中不同时刻水合物层第 5 小层温度分布的横剖面图。可以看出，在水合物藏开采早期，因为水合物从生产井附近开始分解，所以生产井附近地层温度最先降低，然后以生产井为中心呈圆形向四周扩散降温，直到生产结束时整个地层的温度降低到最小值。

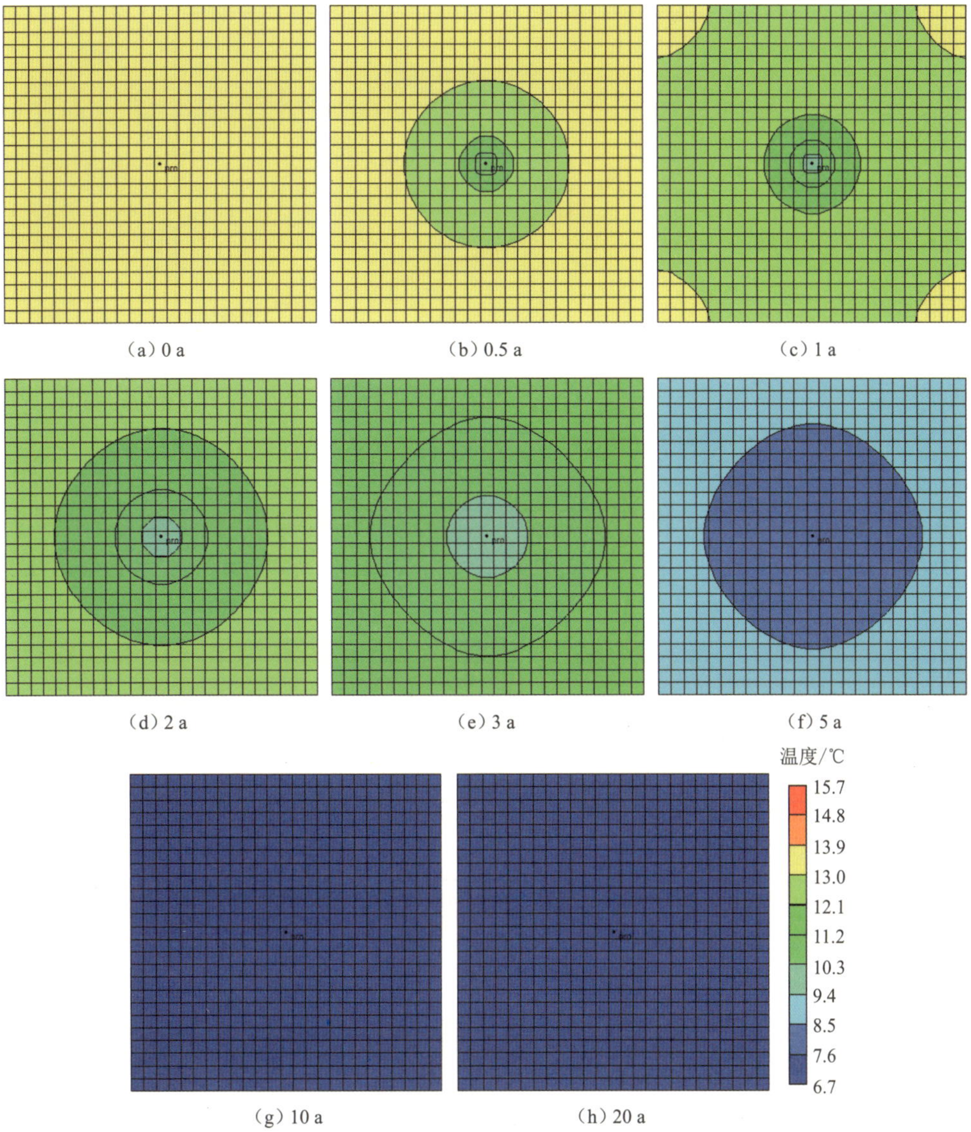

图 3-9　不同时刻地层第 5 小层温度分布的横剖面图

3.1.5　水合物饱和度变化规律

图 3-10 为水合物藏降压法开采过程中平均水合物饱和度随时间的变化曲线。从图 3-10 可以看出，随着降压开采的进行，平均水合物饱和度不断降低。1 643 d 以前平均水合物饱和度下降速度较快，之后稍微变缓。这是由于开采前期地层的压差驱动力大，地层中水合物饱和度较高，水合物分解速度快，产气速度不断增大，水合物分解区不断扩大；而开采后期由于水合物分解驱动力减小，同时水合物饱和度降低，水合物分解速度变缓，因此水合物饱和度下降速度变缓。7 304 d 时地层中平均水合物饱和度为 5.23%。

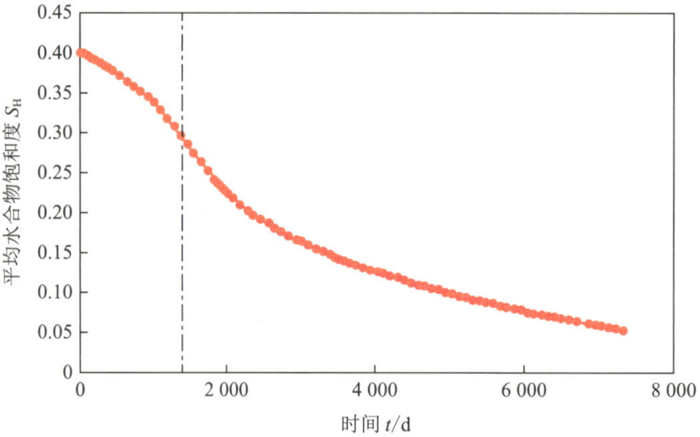

图 3-10 降压法开采过程中平均水合物饱和度随时间的变化曲线

图 3-11 为降压法开采过程中不同时刻水合物饱和度分布的纵剖面图。从图 3-11 可以看出，水合物分解最早发生在下伏盖层和水合物接触处。盖层温度遵循地温梯度变化

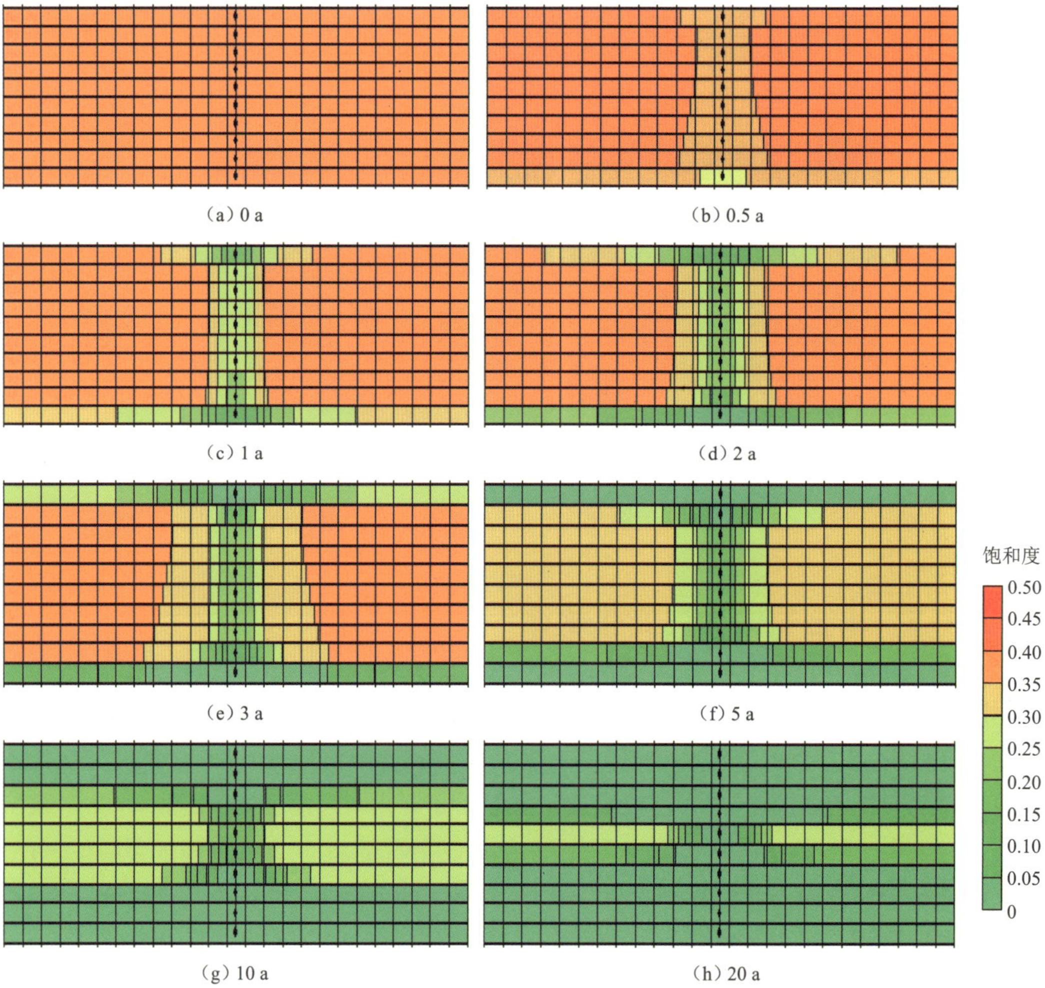

图 3-11 不同时刻水合物饱和度分布的纵剖面图

规律，下伏盖层的传热作用使下部水合物层最早达到相平衡条件，促使下部水合物层发生分解。之后上覆盖层的传热作用逐渐展现，上部水合物层也逐渐开始分解。因此，开采初期水合物分解区主要为生产井周围及水合物层与盖层接触处。随着开采的进行，水合物分解区逐渐向水合物层中部扩大。7 304 d 时储层中未分解的水合物主要集中在水合物层中部。

图 3-12 为降压法开采过程中不同时刻水合物层第 5 小层水合物饱和度分布的横剖面图。从图 3-12 可以看出，水合物在平面上从生产井开始分解，随着生产井周围水合物的不断分解，水合物分解区逐渐向外扩大，形成一个圆形的水合物分解界面。

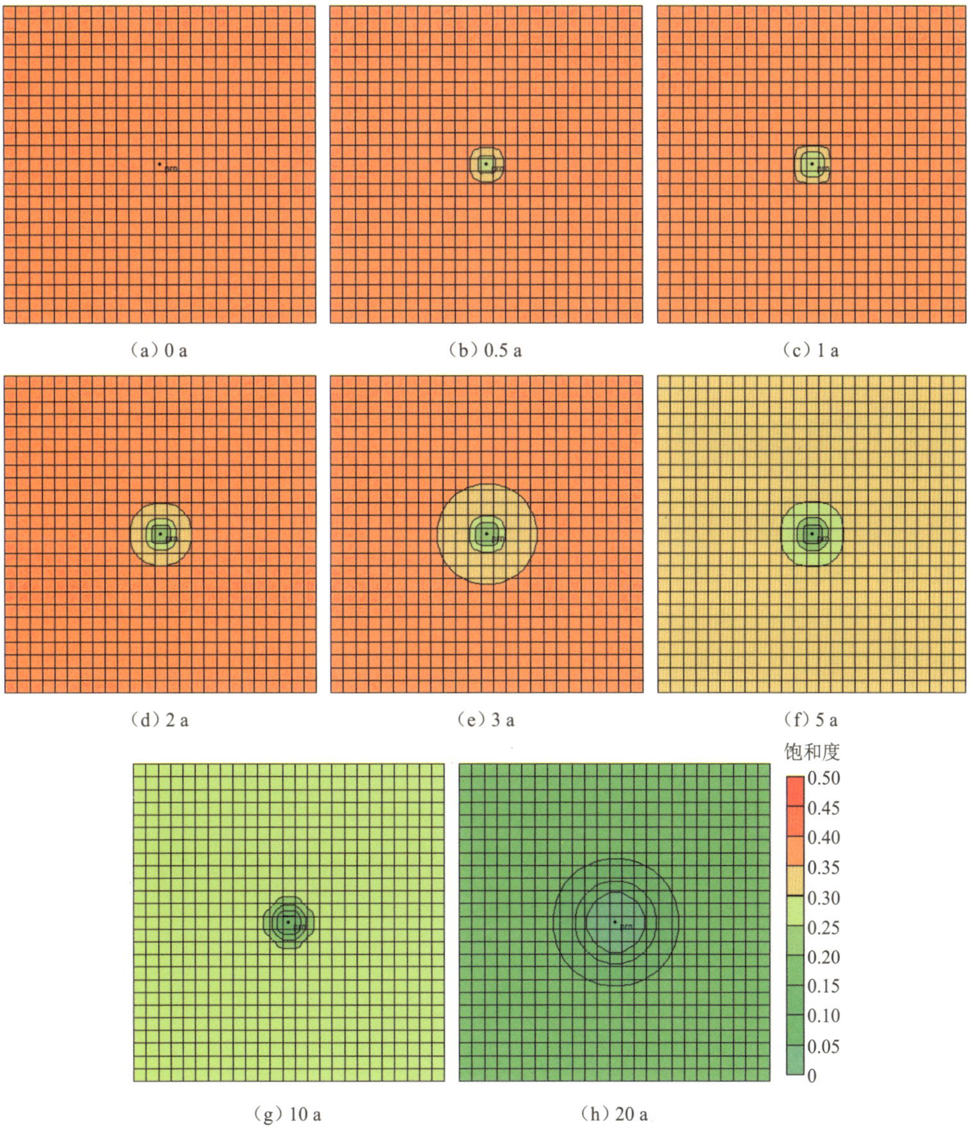

图 3-12　不同时刻水合物层第 5 小层水合物饱和度分布的横剖面图

3.2 降压法开采中盖层影响的数值模拟研究

不管是在海域还是在陆域，实际水合物藏在地层条件下都存在较厚的上覆、下伏盖层。当上覆、下伏盖层密封性较好时，上覆、下伏盖层与水合物储层之间不存在流体的质量交换，但存在热量交换。在数值模拟计算中，如果将几百米或上千米厚度的盖层都考虑到模型中，则势必会增加数值模拟计算的工作量；而如果不考虑盖层的存在，则模拟计算中就不能体现盖层的传热作用，这与实际生产情况不符。因此，在数值模拟计算中，需要设置多厚的盖层才能满足计算工作量小且结果可靠的要求，是水合物藏数值模拟计算前必须解决的关键问题。

为了对降压法开采中盖层的影响进行数值模拟研究，建立有无盖层、不同盖层厚度及不同盖层导热系数下的水合物藏模型，假设盖层和水合物层之间只有热量交换，没有物质交换，盖层温度遵循地温梯度。在进行降压法开采研究时，选取井底压力为 5 MPa，总模拟时间为 20 a。基础模型大小为 500 m×500 m×80 m，其中平面上划分为 625(即 25×25)个网格，每个网格为 20 m×20 m；垂向上水合物层厚度为 20 m，上覆、下伏盖层厚度均为 30 m，共划分为 40 个网格，每个网格厚度为 2 m。

3.2.1 盖层的影响

图 3-13 为有无盖层 2 种情况下水合物开采过程中产气速度和地层平均温度随时间的变化曲线。从图 3-13 可以看出，盖层(厚度 H_{bl})存在时地层平均温度下降速度变慢，水合物藏产气速度增大。由于水合物分解是吸热过程，没有盖层(即 $H_{bl}=0$ m)时，水合物分解吸收的热量完全来自水合物层内部，随着分解的进行，水合物层温度下降，分解速度变慢；而有盖层时，在温度差的作用下，上覆、下伏盖层与水合物层发生热传导作用，能够

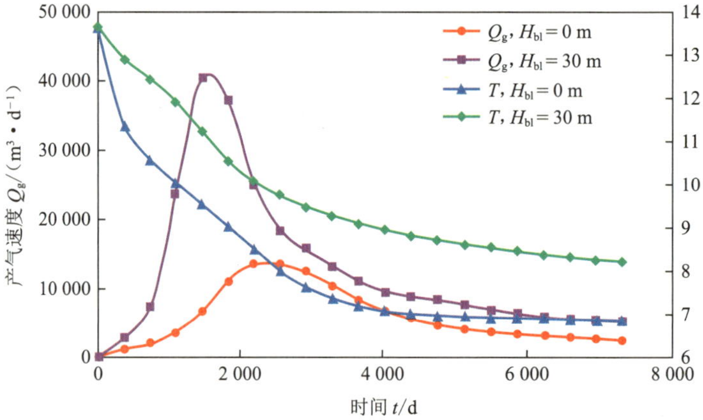

图 3-13 产气速度和地层平均温度变化曲线

为水合物的分解补充热量，延缓水合物层温度的下降速度，从而加快水合物的分解速度，使同一时刻产气速度增大。因此，在数值模拟研究中应当考虑盖层的影响。

3.2.2 盖层厚度的影响

在实际地层条件下，水合物层存在较厚的盖层，可以为水合物分解补充热量。由上述分析可知，盖层的存在对数值模拟计算结果影响很大，因此下面对盖层厚度的具体影响进行进一步研究。

图 3-14 为盖层厚度分别取 4 m，10 m，20 m，30 m，40 m，50 m 及 60 m 时水合物开采过程中产气速度随时间的变化曲线。图 3-15 为上述 7 种不同盖层厚度下水合物层平均水合物饱和度随时间的变化曲线。从图 3-14 及图 3-15 可以看出，随着盖层厚度的增加，

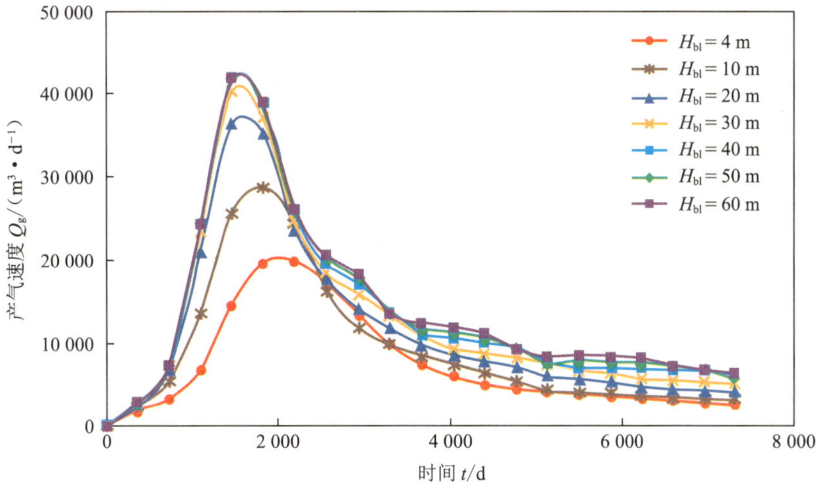

图 3-14 不同盖层厚度下产气速度的变化曲线

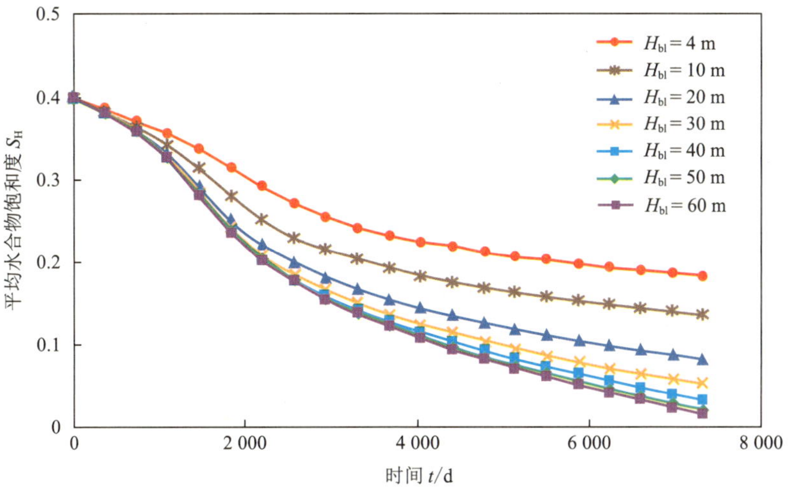

图 3-15 不同盖层厚度下水合物层平均水合物饱和度的变化曲线

同一时刻产气速度增大，平均水合物饱和度减小，当盖层厚度达到 30 m 后这 2 个参数的变化规律基本一致。这是由于盖层越厚，提供给水合物分解的热量越多，使地层温度下降越慢，水合物分解速度越快，因此产气速度越大，水合物层平均水合物饱和度越小；但当盖层厚度达到 30 m 后，远处盖层的热量在有限时间内传递不到水合物分解区，因此再增加盖层厚度对水合物分解的促进作用就不显著了。通过以上分析可知，当盖层厚度达到 30 m 时即可为水合物分解提供足够的热量。

图 3-16 为开采 3 653 d 后 30 m 厚的盖层下水合物各小层平均温度和水合物饱和度的分布曲线，其中小层的序号在模型中从地层上部到下部依次编排。从图 3-16 可以看出，3 653 d 时，上下部水合物层温度高，水合物饱和度低；中部水合物层温度低，水合物饱和度高。盖层和水合物层的热传导首先发生在水合物层的最上面和最下面，然后逐渐向水合物层中部发展，因此上下部水合物层温度下降幅度小，水合物分解速度快、饱和度低；而中部水合物层得到的热量补充较少，温度下降幅度大，水合物分解慢、饱和度高。盖层温度遵循地温梯度，盖层与下部水合物层接触处温度最高，因此下部水合物层分解速度最快。开采 3 653 d 后，水合物层中间第 5 小层水合物饱和度为 29.24%，而第 1,2,8,9,10 小层的水合物则完全分解。

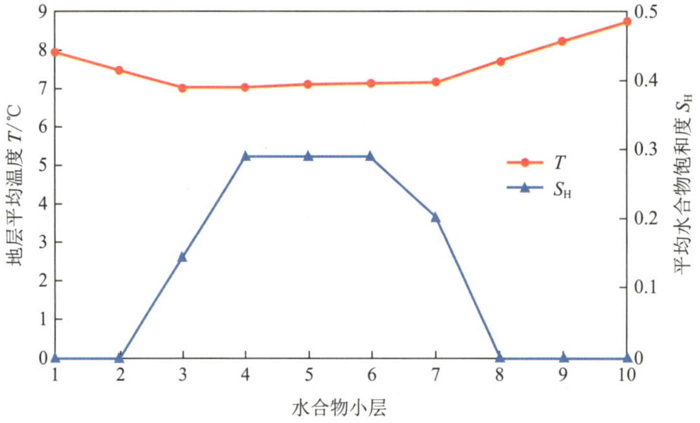

图 3-16　3 653 d 时 30 m 厚的盖层下水合物各小层平均温度和水合物饱和度的分布曲线

上述分析均是在模型平面面积为 500 m×500 m、水合物层厚度为 20 m、井底压力为 5 MPa 时得到的。为进一步求证所得结果在其他条件下是否适用，建立不同平面面积、不同水合物层厚度及不同井底压力下的水合物藏模型，具体参数见表 3-2。

表 3-2　不同模型的参数表

模型编号	平面面积	水合物层厚度/m	井底压力/MPa
模型 1(基础模型)	500 m×500 m	20	5
模型 2	500 m×500 m	20	4
模型 3	500 m×500 m	20	6

续表

模型编号	平面面积	水合物层厚度/m	井底压力/MPa
模型 4	500 m×500 m	30	5
模型 5	500 m×500 m	60	5
模型 6	300 m×300 m	20	5
模型 7	700 m×700 m	20	5

分别计算上述模型在盖层厚度为 4 m,10 m,20 m,30 m,40 m,50 m 及 60 m 时的降压法开采动态。图 3-17 为 7 304 d 时不同模型在不同盖层厚度下的累产气量变化曲线。从图 3-17 可以看出,对于任一模型,随着盖层厚度的增加,累产气量先增加,当盖层厚度达到 30 m 后即可为水合物分解提供足够的热量,之后再增加盖层厚度,累产气量几乎不增加,从而验证了上述结果的适用性。因此,为了节省数值模拟时间,又符合实际地层情况,建议在数值模拟研究中盖层厚度选用 30 m。

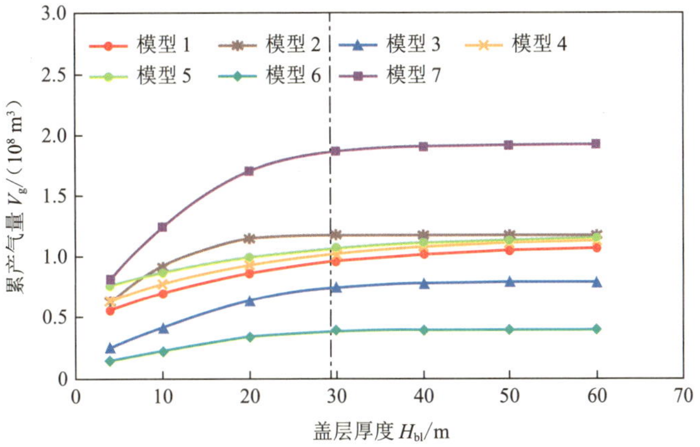

图 3-17　7 304 d 时不同模型在不同盖层厚度下的累产气量的变化曲线

3.2.3　盖层导热系数的影响

盖层导热系数是指盖层在单位时间、单位温度梯度下通过单位截面积所能传递的热量。导热系数是衡量盖层对水合物层热传导能力的重要参数,导热系数越大,导热能力越强。水合物藏基础模型选用表 3-2 中的模型 1,盖层厚度为 30 m,盖层导热系数 λ 分别为 3.387×10^4 J/(m·d·℃),3.387×10^5 J/(m·d·℃)和 3.387×10^6 J/(m·d·℃)。

图 3-18 为不同盖层导热系数 λ 下水合物分解过程中累产气量和地层平均温度随时间的变化曲线。从图 3-18 可以看出,盖层导热系数越大,同一时刻累产气量越多,地层平均温度越低。这是由于随着盖层导热系数的增加,盖层热传导作用增强,为水合物分解补充的热量增多,从而加快水合物分解速度,使同一时刻累产气量增多。但因为盖层厚度一

定，初始条件下地层总热量相同，所以盖层导热系数越大，地层平均温度越低。因此，在进行数值模拟研究时，选取的盖层导热系数应尽可能符合实际地层条件。

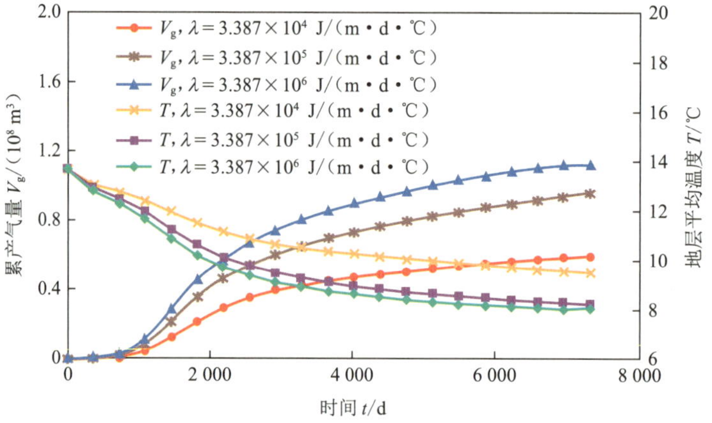

图 3-18 不同盖层导热系数下累产气量和地层平均温度的变化曲线

3.3 降压法开采参数优化

在水合物藏降压法开采参数优化中，主要研究降压幅度、降压速度对水合物藏开采效果的影响，得出本书研究范围内合理的降压法开采参数，为今后实际水合物藏开采方案设计提供理论依据。

笔者通过实验得到多孔介质中水合物相平衡压力计算公式为 $p_e=8\times10^{-13}e^{0.1052T}$，水合物层平均温度为 13.68 ℃，计算得到对应的相平衡压力为 10.179 MPa，即约为 $0.736p_i$（原始地层压力 $p_i=13.83$ MPa）。在进行降压法试采研究时，为了避免冰的形成，参照前人在降压法研究方面的参数设计，选取最小井底压力为 3 MPa，即约 $0.217p_i$，总模拟时间为 20 a。

3.3.1 降压幅度优化

降压幅度是指水合物层初始压力和井底压力的差值。优化降压幅度时，首先研究降压幅度对水合物藏开采效果的影响，然后根据研究结果，优化出合理的降压幅度。在研究降压幅度的影响时，只需改变生产井井底压力。考虑到在降压幅度的研究过程中，既要保证水合物发生分解，又要避免冰的形成，因此分别设定生产井井底压力为 $0.7p_i$（约 9.681 MPa），$0.6p_i$（约 8.298 MPa），$0.5p_i$（约 6.915 MPa），$0.4p_i$（约 5.532 MPa），$0.3p_i$（约 4.149 MPa），$0.217p_i$（约 3 MPa），则对应的降压幅度 Δp 分别为 $0.3p_i$，$0.4p_i$，$0.5p_i$，$0.6p_i$，$0.7p_i$，$0.783p_i$。降压操作采用一步降压法，即开井生产时生产井井底压力为设定的压力。

图 3-19、图 3-20 分别为水合物开采过程中不同降压幅度下产气速度和平均水合物饱和度随时间的变化曲线。可以看出，降压幅度越大，同一时刻产气速度越大，平均水合物饱和度越低。这是由于降压幅度大时，水合物分解驱动力大，从而促使水合物进一步发生分解，使同一时刻产气速度增大，平均水合物饱和度值减小。

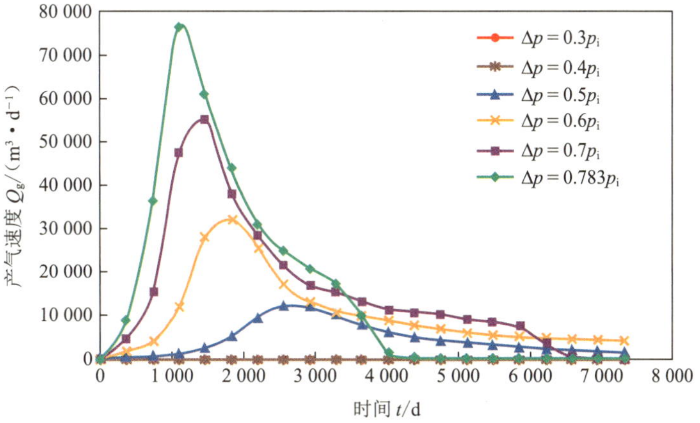

图 3-19　不同降压幅度下产气速度的变化曲线

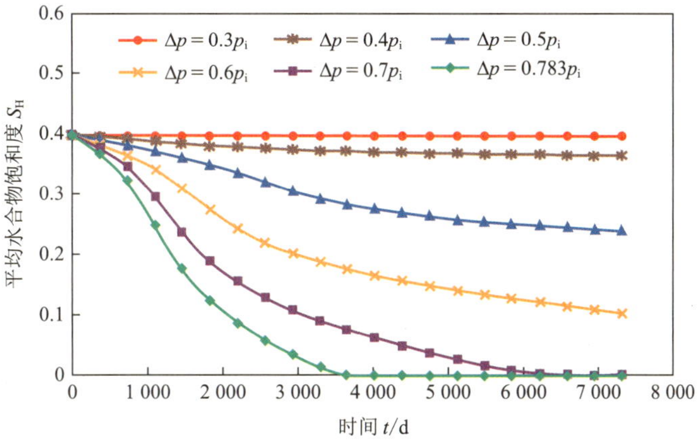

图 3-20　不同降压幅度下平均水合物饱和度的变化曲线

图 3-21 为不同降压幅度下地层平均温度随时间的变化曲线。从图 3-21 可以看出，降压幅度越大，同一时刻地层平均温度越低。这是由于降压幅度大时，水合物分解驱动力大，因此会加快水合物分解速度，使水合物分解消耗的热量增多，从而使同一时刻地层平均温度降低。降压幅度为 $0.3p_i$时，7 304 d 的地层平均温度为 12.071 8 ℃；降压幅度为 $0.783p_i$时，7 304 d 的地层平均温度为 7.87 ℃。当水合物完全分解后，由于盖层的继续传热，地层平均温度逐渐上升，因而降压幅度为 $0.783p_i$时的地层平均温度比降压幅度为 $0.7p_i$时稍高。

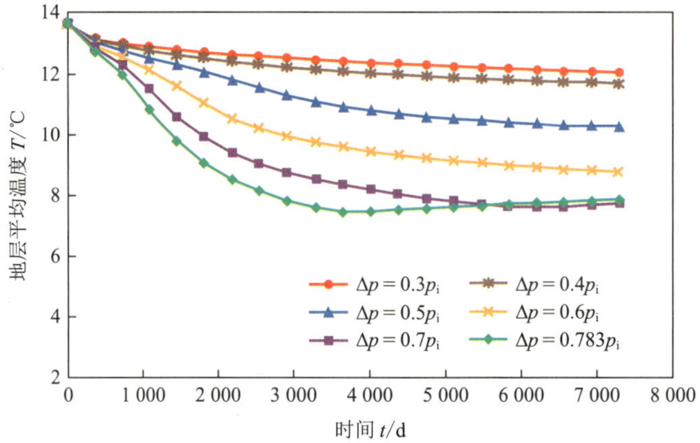

图 3-21　不同降压幅度下地层平均温度的变化曲线

水合物藏分解率为水合物饱和度变化值与水合物初始饱和度的比值。水合物藏采收率为累产气量与水合物完全分解所能采出的理论最大累产气量的比值。图 3-22 为开采 7 304 d 时水合物藏分解率和水合物藏采收率随降压幅度的变化曲线。表 3-3 为不同降压幅度下生产结束时(共生产 7 304 d)的重要开采指标。可以看出,随着降压幅度的增加,生产结束时累产气量、累产水量均增大,水合物藏分解率和采收率也同步增大,地层平均温度则降低。这说明,井底压力的降低会进一步促进水合物的分解。当降压幅度超过 0.4p_i后,水合物藏分解率、采收率增加速度变快,因此从获得更多气量的角度考虑,降压法开采时降压幅度应尽可能大。

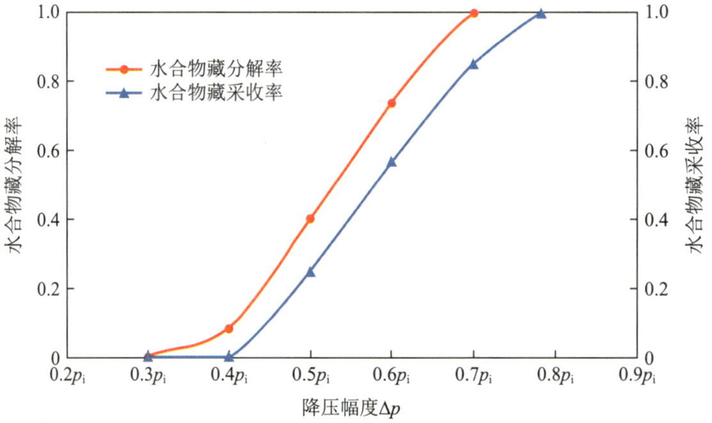

图 3-22　水合物藏分解率和水合物藏采收率随降压幅度的变化曲线(7 304 d)

表 3-3　不同降压幅度下生产结束时(共生产 7 304 d)的重要开采指标

开采指标	降压 0.3p_i	降压 0.4p_i	降压 0.5p_i	降压 0.6p_i	降压 0.7p_i	降压 0.783p_i
累产气量/m^3	193.43	3.66×10^2	0.341×10^8	0.784×10^8	1.17×10^8	1.23×10^8
累产水量/(10^4 m^3)	1.18	10.86	21.64	28.68	35.65	38.79

续表

开采指标	降压 $0.3p_i$	降压 $0.4p_i$	降压 $0.5p_i$	降压 $0.6p_i$	降压 $0.7p_i$	降压 $0.783p_i$
水合物藏采收率	0.00	0.00	0.25	0.57	0.85	0.90
水合物藏分解率	0.01	0.09	0.40	0.74	1.00	1.00
地层平均温度/℃	12.07	11.69	10.27	8.79	7.73	7.57

3.3.2　降压速度优化

优化降压速度时，首先研究降压速度对水合物藏开采效果的影响，然后得出本书参数设计范围内合理的降压速度取值。降压法开采过程中要保证水合物发生分解。水合物藏的原始压力为 13.83 MPa，降压阶段结束时井底流压为 5 MPa。以此压降值为优化降压速度的依据，通过设计不同的降压用时（1 d，200 d，400 d，600 d，800 d 和 1 000 d）反映不同的降压速度（8.830 0 MPa/d，0.044 2 MPa/d，0.022 1 MPa/d，0.014 7 MPa/d，0.011 0 MPa/d 和 0.008 8 MPa/d），总模拟时间为 20 a。图 3-23 为不同降压速度下井底压力随时间的变化曲线。

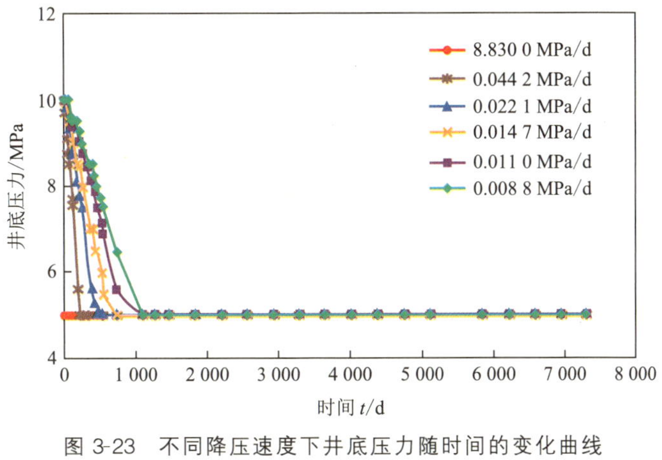

图 3-23　不同降压速度下井底压力随时间的变化曲线

图 3-24、图 3-25 分别为水合物开采过程中不同降压速度下产气速度和累产气量随时间的变化曲线。从图 3-24、图 3-25 可以看出，降压速度越快，开采初期同一时刻产气速度越大，产气峰值越大且越早达到，生产结束时累产气量越多。这是由于降压速度快时井底压力降到设定压力前，同一时刻井底压力小，水合物分解驱动力大，从而使初期产气速度增大，产气峰值增大且更早出现，水合物未完全分解前同一时刻累产气量增大。图 3-24 中 6 000 d 后产气速度骤降的原因是地层中水合物完全分解，生产井中产出气体的来源仅为地层中现存的分解气。

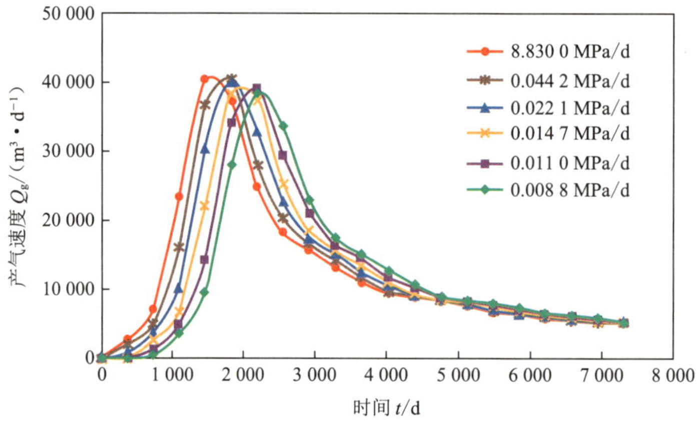

图 3-24 不同降压速度下产气速度随时间的变化曲线

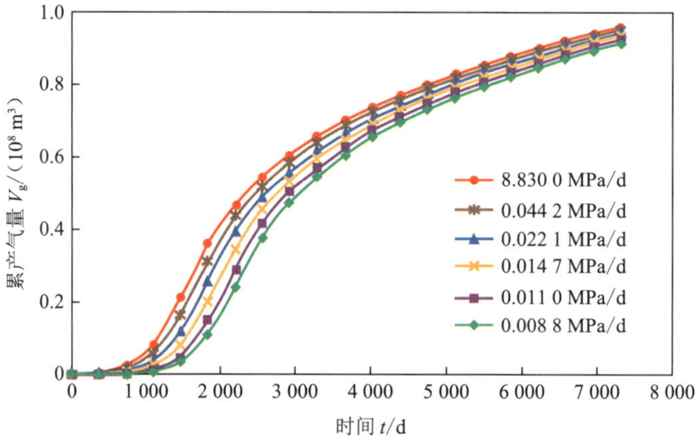

图 3-25 不同降压速度下累产气量随时间的变化曲线

图 3-26 为不同降压速度下地层平均温度随时间的变化曲线。从图 3-26 可以看出，降压速度越快，同一时刻地层平均温度越低。这是由于降压用时越短，同一时刻井底压力越低，水合物分解驱动力就越大，从而加速水合物分解，而水合物分解需要吸收热量，因

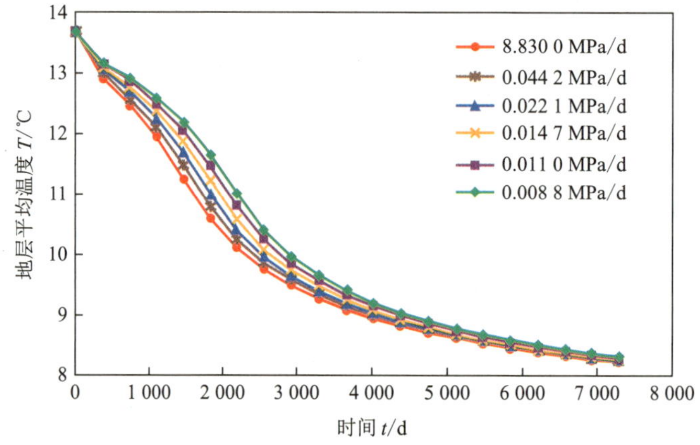

图 3-26 不同降压速度下地层平均温度随时间的变化曲线

此会使同一时刻地层平均温度降低。

表 3-4 为不同降压速度下生产结束时(共生产 7 304 d)的重要开采指标。从表 3-4 可以看出,随着降压速度的加快,累产气量、累产水量均增大,水合物藏分解率和采收率也同步增大,生产结束时地层平均温度降低。如图 3-27 所示,水合物藏分解率和采收率与降压用时近似呈线性关系,这说明降压速度的加快会进一步促进水合物的分解。因此,从获得更多累产气量的角度考虑,建议降压法开采水合物藏时,在实际操作工艺和设备安全性允许的范围内应选择较快的降压速度。

表 3-4　不同降压速度下生产结束时(共生产 7 304 d)的重要开采指标

开采指标	降压用时 1 d	降压用时 200 d	降压用时 400 d	降压用时 600 d	降压用时 800 d	降压用时 1 000 d
降压速度/($MPa \cdot d^{-1}$)	8.830 0	0.044 2	0.022 1	0.014 7	0.011 0	0.008 8
累产气量/(10^8 m^3)	0.96	0.95	0.94	0.93	0.92	0.91
累产水量/(10^4 m^3)	31.62	31.49	31.36	31.22	31.07	30.93
水合物藏采收率	0.70	0.69	0.69	0.68	0.67	0.66
水合物藏分解率	0.87	0.86	0.85	0.84	0.84	0.83
地层平均温度/℃	8.24	8.25	8.27	8.29	8.31	8.32

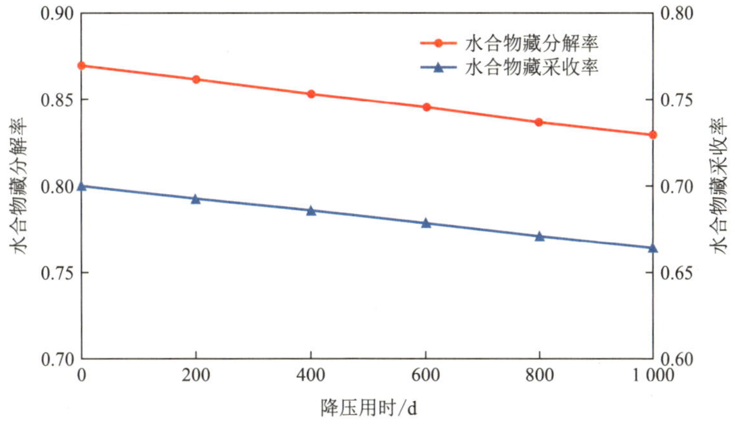

图 3-27　水合物藏分解率和采收率随降压用时的变化曲线(共生产 7 304 d)

3.3.3　降压法开采参数设计

基于水合物藏降压法开采时降压幅度和降压速度的优化结果,在降压幅度($0.6p_i$,$0.7p_i$,$0.783p_i$)及降压速度(8.830 0 MPa/d,0.044 2 MPa/d,0.022 1 MPa/d,0.014 7 MPa/d,0.011 0 MPa/d)参数研究范围内计算累产气量(表 3-5)。通过分析降压幅度和降压速度的影响程度,得出最优的降压法开采方案。

表 3-5 降压法开采参数设计

方 案	降压幅度	降压速度/(MPa·d^{-1})	累产气量/(10^8 m^3)
1	$0.783p_i$	8.830 0	1.231 8
2	$0.783p_i$	0.044 2	1.230 6
3	$0.783p_i$	0.022 1	1.231 3
4	$0.783p_i$	0.014 7	1.231 4
5	$0.783p_i$	0.011 0	1.231 5
6	$0.7p_i$	8.830 0	1.271 8
7	$0.7p_i$	0.044 2	1.271 2
8	$0.7p_i$	0.022 1	1.171 3
9	$0.7p_i$	0.014 7	1.171 2
10	$0.7p_i$	0.011 0	1.170 0
11	$0.6p_i$	8.830 0	0.784 3
12	$0.6p_i$	0.044 2	0.776 9
13	$0.6p_i$	0.022 1	0.766 5
14	$0.6p_i$	0.014 7	0.757 7
15	$0.6p_i$	0.011 0	0.747 9

降压阶段结束时选取的井底压力分别为 3 MPa，4.149 MPa，5.532 MPa，对应的降压幅度分别为 $0.783p_i$，$0.7p_i$，$0.6p_i$。

以累产气量为评价依据，判断出试开采参数对能量效率的影响程度，即降压幅度的影响大于降压速度。以此为依据，得出开采效果好的水合物藏降压法开采方案的参数组合：生产井降压幅度 $0.783p_i$，降压速度 8.830 0 MPa/d。此方案开采 20 a 后累产气量可达 $1.231\ 8\times10^8$ m^3，水合物能完全分解，水合物藏采收率为 89.54%。

3.4 本章小结

本章首先对水合物藏降压法开采动态进行数值模拟研究，明确了开采过程中产气速度、产水速度、压力、温度及水合物饱和度的动态变化规律；然后从有无盖层、盖层厚度及盖层导热系数三方面对盖层的影响进行了研究，为数值模拟研究和试开采方案设计提供依据；最后通过对降压幅度和降压速度的优化研究，得出最优的水合物藏降压法开采参数。降压法开采研究时，为了避免冰的形成，最小井底压力选取 3 MPa。

本章通过数值模拟研究得到以下结论：

(1) 盖层能为水合物的分解补充热量，延缓水合物层温度下降速度，加快水合物分解速度，增大产气速度。

(2) 随着盖层厚度的增加，累产气量先增加后趋于稳定，当盖层厚度达到 30 m 后就可以为水合物分解提供足够的热量，建议在数值模拟研究中盖层厚度至少选择 30 m。

(3) 盖层导热系数对水合物分解速度影响显著，在盖层厚度一定时，盖层导热系数越大，降压法开采效果越好。在水合物藏数值模拟计算中，选取的盖层导热系数应尽可能符合实际地层条件。

(4) 在不考虑生成冰的情况下，降压幅度越大，降压法开采效果越好。当降压幅度超过 $0.4p_i$时，水合物藏分解率和采收率增加速度变快，因此从获得更多气量的角度考虑，建议降压法开采水合物藏时降压幅度应尽量大一些。

(5) 降压用时越短，降压速度越快，降压法开采效果越好。从获得最多累产气量的角度考虑，建议开采水合物藏时，在实际操作工艺和设备安全性允许的范围内选择较快的降压速度。

(6) 在不考虑冰生成的情况下，通过对降压幅度和降压速度设计正交实验，评价出降压幅度对累产气量的影响程度大于降压速度。最终得出降压法试开采方案最优的生产井降压幅度为 $0.783p_i$(即生产井井底压力为 3 MPa)，降压速度为 8.83 MPa/d。此时可获得累产气量 $1.231\ 8\times10^8\ m^3$，水合物能完全分解，水合物藏采收率为 89.54%。

第4章
降压＋注热驱替法开采水合物的数值模拟研究

虽然降压＋注热驱替法的经济效益可能低于单独的降压法开采，但考虑到降压＋注热驱替法累产气量大，因此本章对降压＋注热驱替法的试开采方案进行优化研究。首先分析降压＋注热驱替法的开采动态，然后通过优化开采参数，设计正交实验对开采参数的影响程度进行评估，从而得出开采效果较好的水合物藏降压＋注热驱替法开采方案。

4.1 降压＋注热驱替法开采动态

降压＋注热驱替法的地质模型如图 3-1 所示，模型基础参数详见表 3-1。模型大小为 500 m×500 m×80 m，水合物层厚度为 20 m，上覆、下伏盖层厚度均为 30 m，平面上划分为 25×25 个网格(每个网格大小为 20 m×20 m)，垂向上每 2 m 划分为 1 个网格。模型中心包含 1 口生产井，四周有 4 口注水井。根据对称性，取原模型的 1/4 建立新模型，即新模型的大小为 250 m×250 m×80 m，水合物层厚度为 20 m，上覆、下伏盖层厚度均为 30 m，最后将产气量乘以 4 即得到原模型的产气量。模拟生产时间为 20 a，其中生产井和注水井全部射开水合物层。分析降压＋注热驱替法开采动态时，采用一步降压法降压，井底压力为 5 MPa，注水井注入水的温度为 50 ℃，注入速度为 50 m^3/d。

4.1.1 产气变化规律

图 4-1 为水合物藏降压＋注热驱替法开采过程中产气速度和累产气量随时间的变化曲线。从图 4-1 可以看出，产气过程大概可以划分为 4 个阶段：

(1) 0～0.5 d。对应图 4-1 中的①阶段，此阶段生产井中只有水产出，产气速度和累产气量均为 0。这是因为初期储层压力高于相平衡压力，水合物不分解，由于热水的注入，此阶段比降压法时间更短。

(2) 0.5～1 696 d。对应图 4-1 中的②阶段，此阶段产气速度上升，累产气量迅速增加。生产 0.5 d 后，生产井有连续气体采出，产气速度逐渐增大。由于注热和降压的联合作用，水合物分解区从生产井周围不断向外扩大，产气速度不断上升，累产气量逐渐增大，

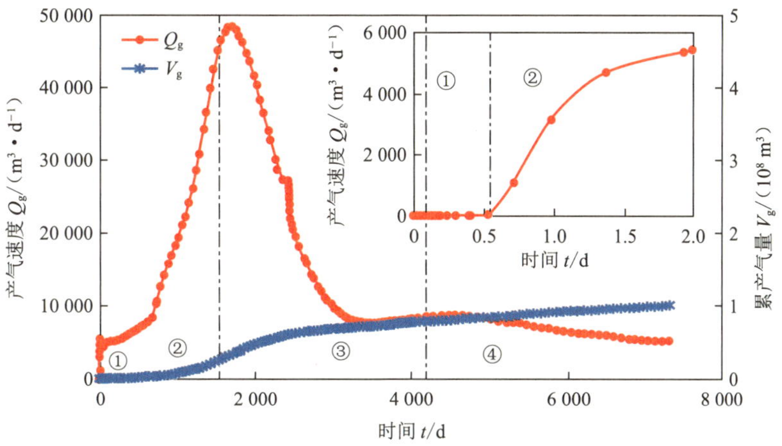

图 4-1　降压＋注热驱替法开采过程中产气速度和累产气量随时间的变化曲线

且增加速度也逐渐增大，1 696 d 时产气速度达到最大值 4.83×10^4 m³/d，累产气量为 3.42×10^7 m³。由于热水的注入导致注水井周围地层压力升高，此阶段的产气峰值比降压法更晚达到，但峰值更大。

(3) 1 697～4 565 d。对应图 4-1 中的③阶段，此阶段产气速度逐渐减小，累产气量逐渐增加。1 696 d 后，随着水合物的分解，地层流体不断产出，地层压力逐渐降低，生产压差减小，水合物分解驱动力减小，水合物分解速度变慢，因此生产井产气速度也逐渐减小。此阶段累产气量仍在增大，但增大速度逐渐减小。4 565 d 时产气速度为 8 680.36 m³/d，累产气量达到 0.821×10^8 m³。

(4) 4 566～7 304 d。对应图 4-1 中的④阶段，此阶段产气速度下降，累产气量增加。开采后期水合物分解速度较低，产气速度逐渐下降。7 304 d 时产气速度降到 5 086.09 m³/d，累产气量比降压法多，达到 1.00×10^8 m³。

4.1.2　产水变化规律

图 4-2 为水合物藏降压＋注热驱替法开采过程中产水速度和累产水量随时间的变化曲线。从图 4-2 可以看出，产水过程大概可以划分为 4 个阶段：

(1) 0～40 d。对应图 4-2 中的①阶段，与累产气量的变化曲线相比，累产水量在生产初期就以较高的速度增长，这主要是由于储层初始含水饱和度为 0.6，储层自身存在大量的自由水。产水速度由初始最高值不断下降，累产水量逐渐增大。生产开始时就有大量自由水产出，产水速度达到 1 880.11 m³/d，40 d 时已下降至 310.08 m³/d，此时累产水量为 1.38×10^4 m³。由于热水的不断注入，降压＋注热驱替法的产水速度和累产水量比降压法大。

(2) 41～1 277 d。对应图 4-2 中的②阶段，此阶段产水速度基本稳定，累产水量不断增大。随着水合物分解区的不断扩大，水合物分解产生大量天然气和水，但由于气水流动

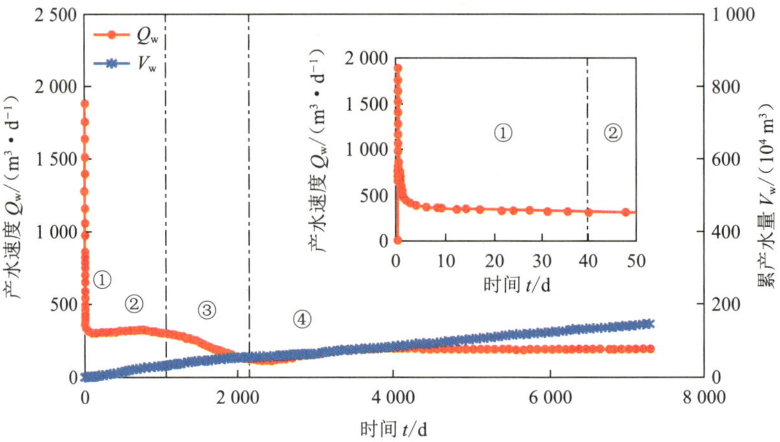

图 4-2 降压＋注热驱替开采过程中产水速度和累产水量随时间的变化曲线

性的差异，水合物分解产生的气体大量产出，从而限制了水的产出。1 277 d 时产水速度为 275.90 m^3/d，累产水量为 3.92×10^5 m^3。由于热水的不断注入，此阶段产水速度比降压法更大。

(3) 1 278～2 282 d。对应图 4-2 中的③阶段，此阶段由注水井注入热水产生的水合物分解区和生产井降压产生的水合物分解区相连通，由于气水流动性的差异，气体大量产出，而产水速度逐渐下降，2 282 d 时产水速度为 117.00 m^3/d，累产水量为 57.3×10^4 m^3。

(4) 2 283～7 304 d。对应图 4-2 中的④阶段，由于地层压力减小，水合物分解驱动力减弱，水合物分解速度降低，但由于注水井持续注水，产水速度先增加后稳定在 194 m^3/d。7 304 d 时累产水量达到 1.48×10^6 m^3。由于热水的注入，降压＋注热驱替法的累产水量比降压法更多。

4.1.3 压力变化规律

图 4-3 为水合物藏降压＋注热驱替法开采过程中地层平均压力的变化曲线。从图 4-3 可以看出，压力变化过程可以分为 3 个阶段：

(1) 0～40 d。对应图 4-3 中的①阶段，此阶段地层平均压力从初始压力 13.83 MPa 快速降低到 11.16 MPa。生产井投入生产后，由于地层水的产出，地层压力快速下降，但是地层平均压力仍高于相平衡压力，原因是注水井不断向地层中注入热水，40 d 时的地层平均压力比降压法更高。

(2) 41～2 282 d。对应图 4-3 中的②阶段，此阶段地层平均压力快速下降，下降速度比第一阶段小，2 282 d 时地层平均压力已降到 6.07 MPa。此阶段水合物不断分解，地层压力持续降低，但由于分解产生的水和气会补充生产井抽取的部分流体，同时由于热水的注入使得注水井附近压力升高，地层压力下降速度较第一阶段变慢。

(3) 2 283～7 304 d。对应图 4-3 中的③阶段，此阶段地层平均压力先增加后稳定。

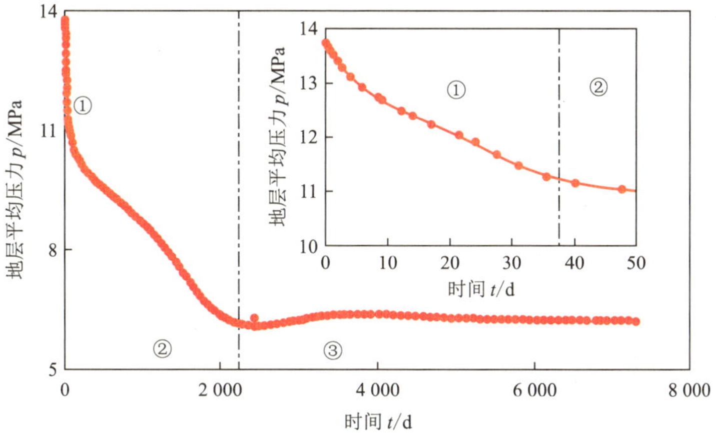

图 4-3　降压+注热驱替开采过程中地层平均压力随时间的变化曲线

此阶段可分解的水合物量减小，生产井产出流体量减小，但注水井仍在不断注入水，地层平均压力稍有上升，之后由于产出流体量和注入水量近似相等，地层平均压力近似稳定。7 304 d 时地层平均压力为 6.21 MPa，比降压法更高。

图 4-4 为降压+注热驱替法开采过程中不同时刻水合物层压力分布的剖面图。从图 4-4 可以看出，注水井开始注水时易憋起高压，压力最高能达到 17.8 MPa，在压差作用下

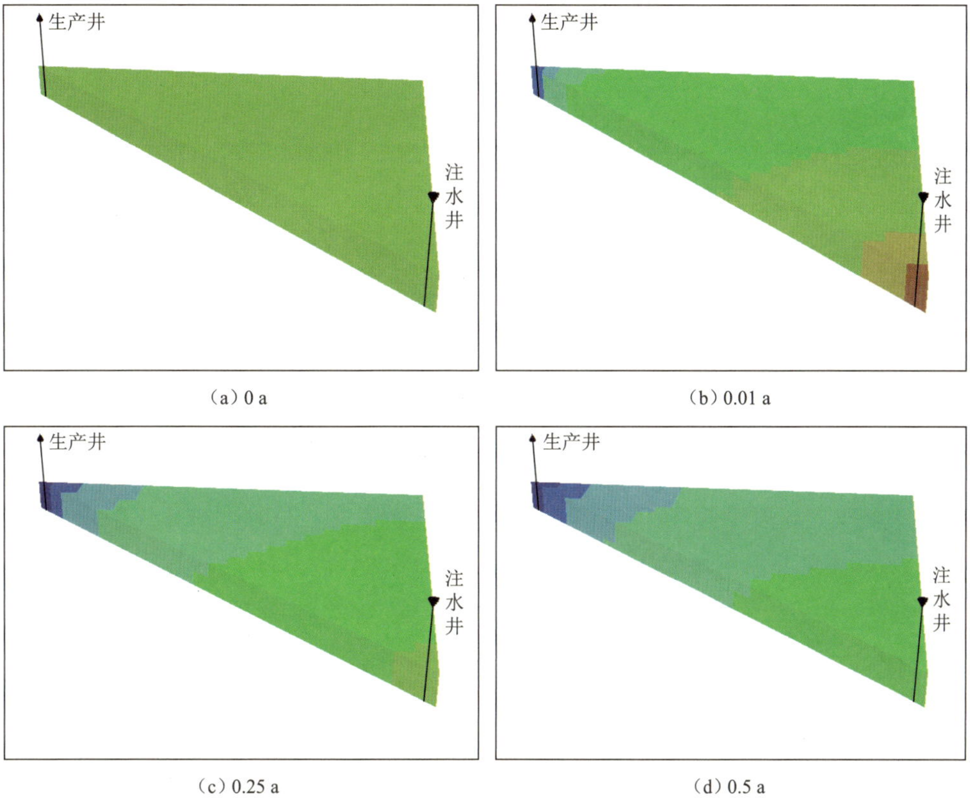

图 4-4　不同时刻水合物层压力分布的剖面图

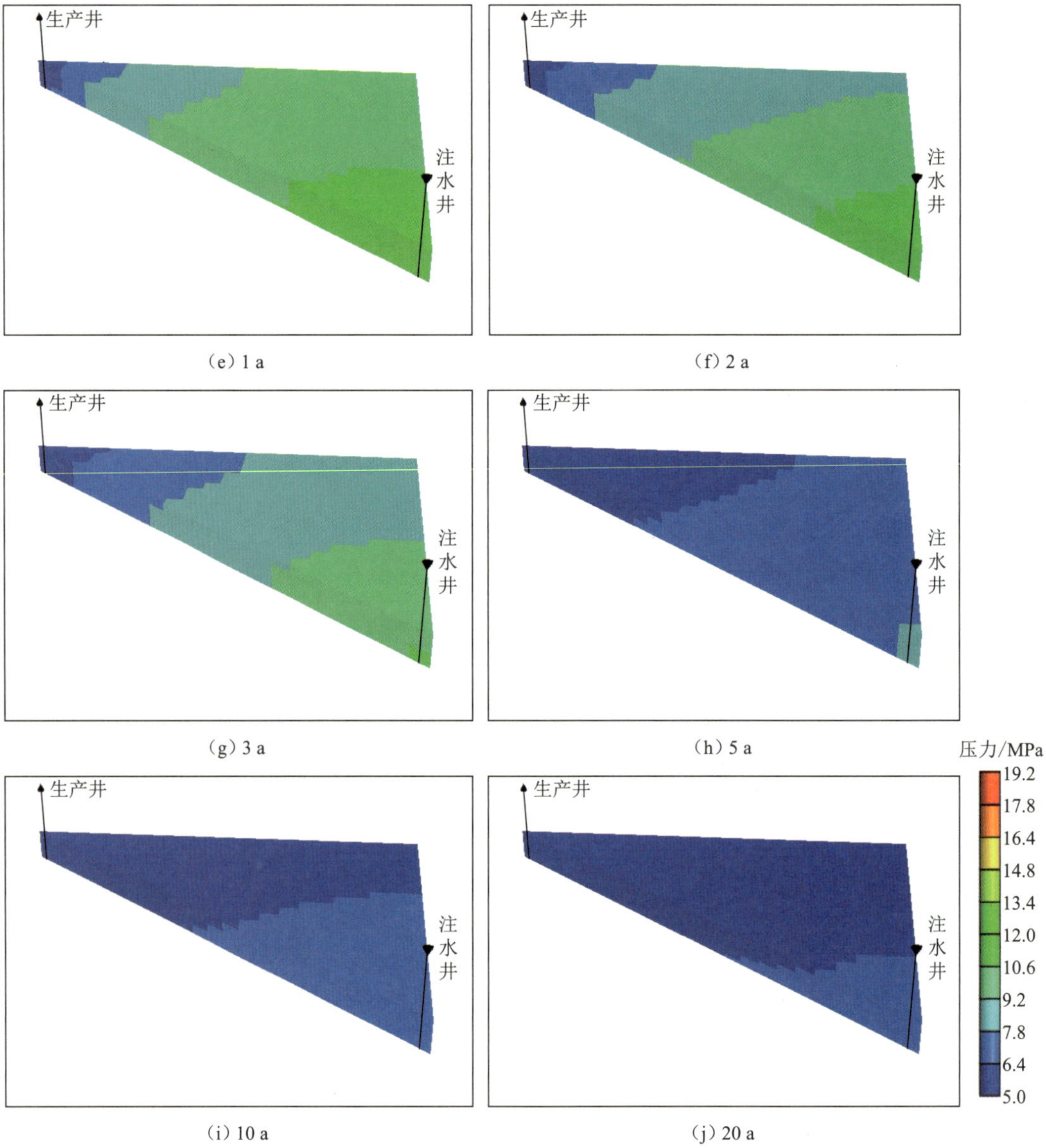

图 4-4(续)　不同时刻水合物层压力分布的剖面图

流体逐渐从注水井向生产井底运移，注水井周围地层压力逐渐减小。随着气体和水的不断采出，地层压力逐渐降低，压降范围逐渐扩大，20 a(7 304 d)时生产井周围地层压力为 5～6.4 MPa，注水井周围地层压力为 6.4～7.8 MPa。

4.1.4　温度变化规律

图 4-5 为水合物降压＋注热驱替法开采过程中地层平均温度的变化曲线。从图 4-5 可以看出，开采初期由于水合物分解消耗了大量的热量，尽管有盖层和注入热水传热，但地层温度仍不断降低，2 558 d 时达到最小值 11.33 ℃。随着开采的进行，水合物分解速

度逐渐变慢，同时由于热水的持续注入，地层温度开始不断上升，7 304 d 时地层平均温度升高到 12.61 ℃，比降压法高 4.37 ℃。

图 4-6 为降压＋注热驱替法开采过程中不同时刻地层温度分布的剖面图。从图 4-6 可以看出，在开采早期，由于注水井不断注入热水，注水井周围温度逐渐上升，随后热量逐渐从注水井周围向水合物层和上覆、下伏盖层传导，地层温度逐渐上升，20 a 时生产井周围温度为 8.37～8.83 ℃。与压力传播规律相比，温度传播速度较慢，温度降低范围较小。

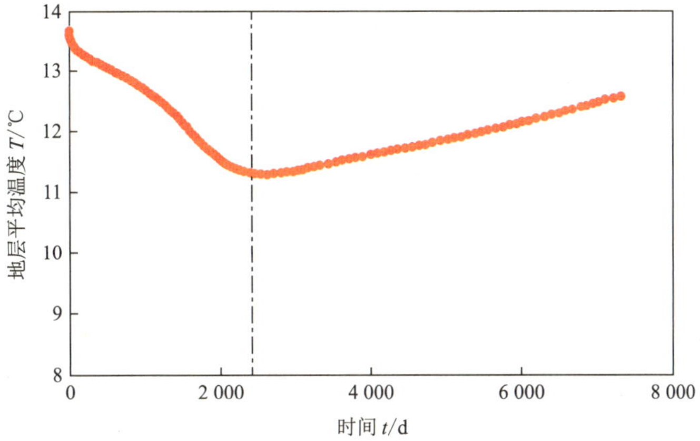

图 4-5　水合物藏降压＋注热驱替法开采过程中地层平均温度的变化曲线

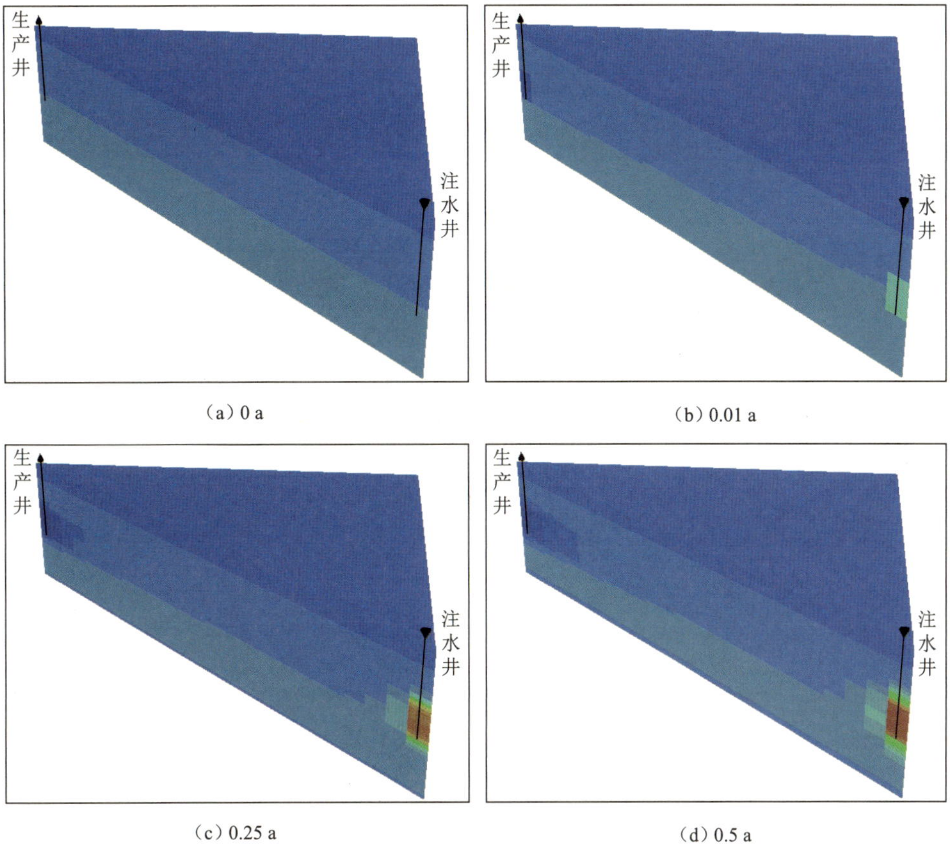

图 4-6　不同时刻地层温度分布的剖面图

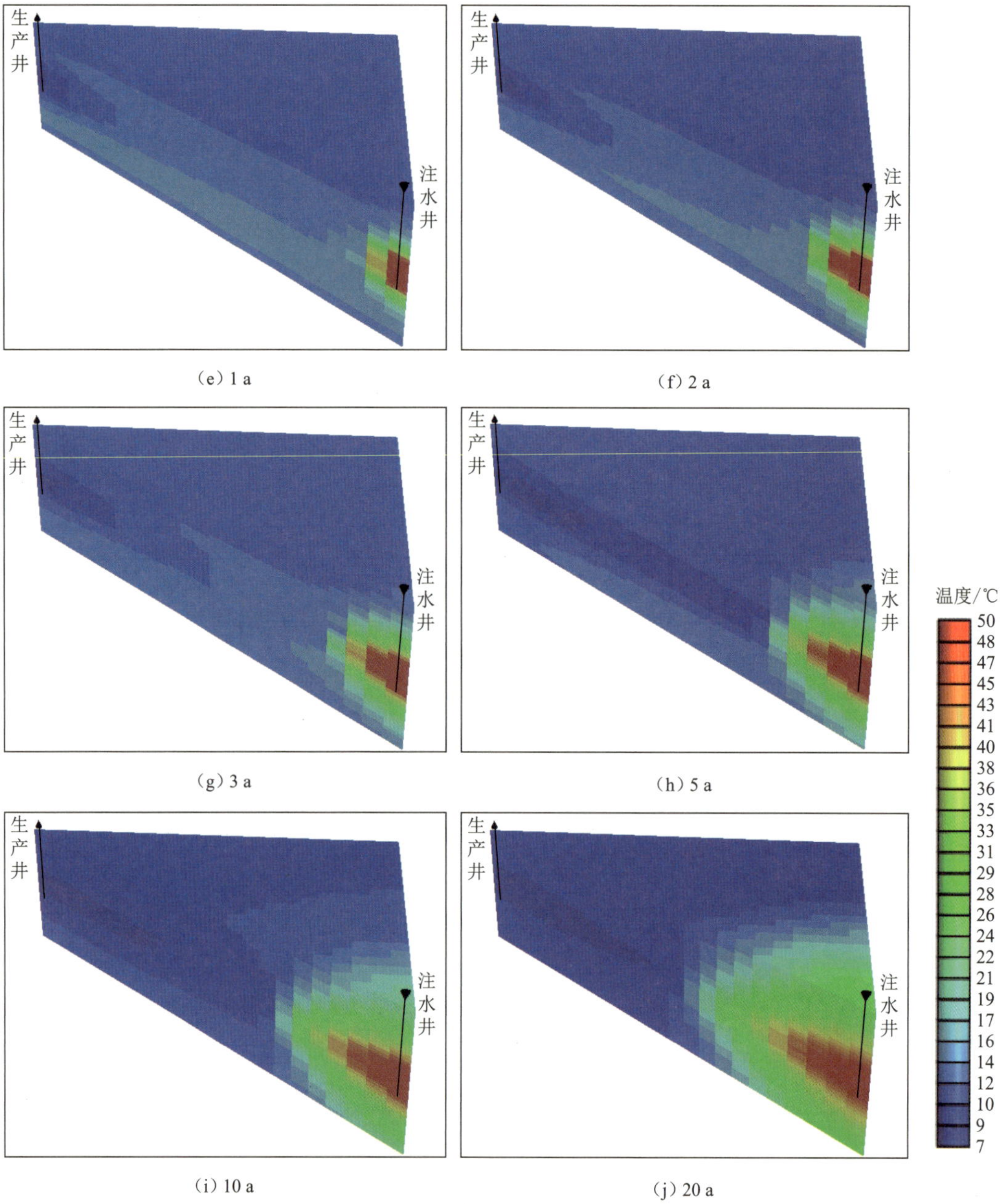

图 4-6(续)　不同时刻地层温度分布的剖面图

4.1.5　水合物饱和度变化规律

图 4-7 为水合物藏降压+注热驱替法开采过程中平均水合物饱和度的变化曲线。可以看出，随着水合物开采的进行，平均水合物饱和度不断降低。2 282 d 后地层压力较低，水合物分解驱动力相比之前较小，分解速度变慢，平均水合物饱和度下降速度变缓，7 304 d 时平均水合物饱和度为 8.85%。

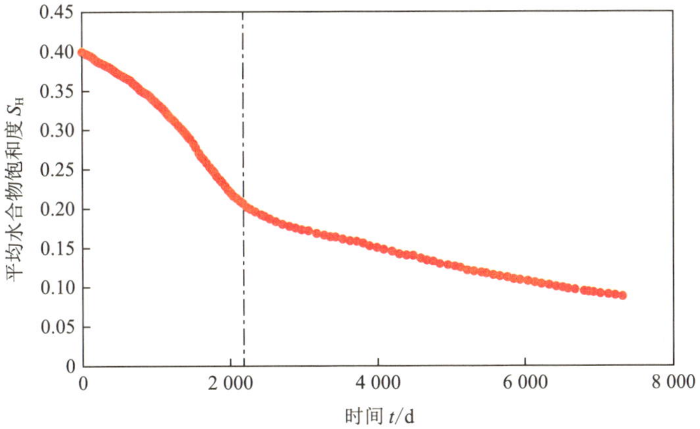

图 4-7　水合物藏降压＋注热驱替法开采过程中平均水合物饱和度的变化曲线

图 4-8 为降压＋注热驱替法开采过程中不同时刻水合物饱和度分布的剖面图。可以看出，由于热水的注入和生产井的降压，注水井和生产井周围水合物最先发生分解，水合物分解区从井周围逐渐向模型中心扩大。注水井周围的水合物分解前缘近似呈活塞式移动，而生产井周围的水合物分解前缘呈非活塞式移动。7 304 d 时未分解的水合物主要集中在模型中远离生产井和注水井的水合物层中部。

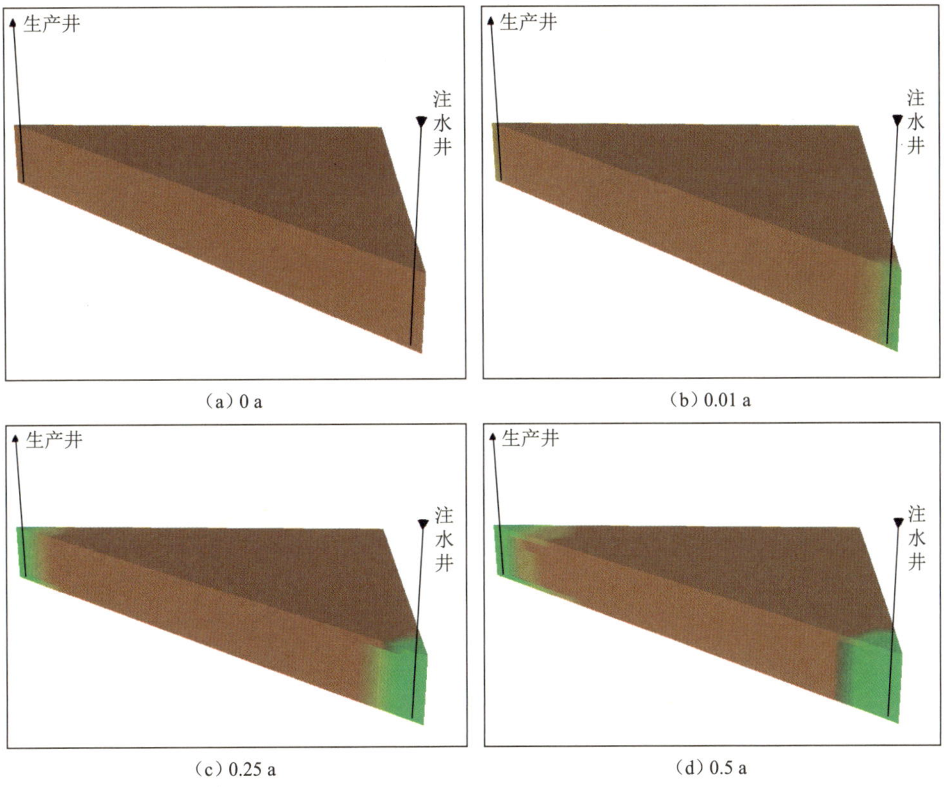

图 4-8　不同时刻水合物饱和度分布的剖面图

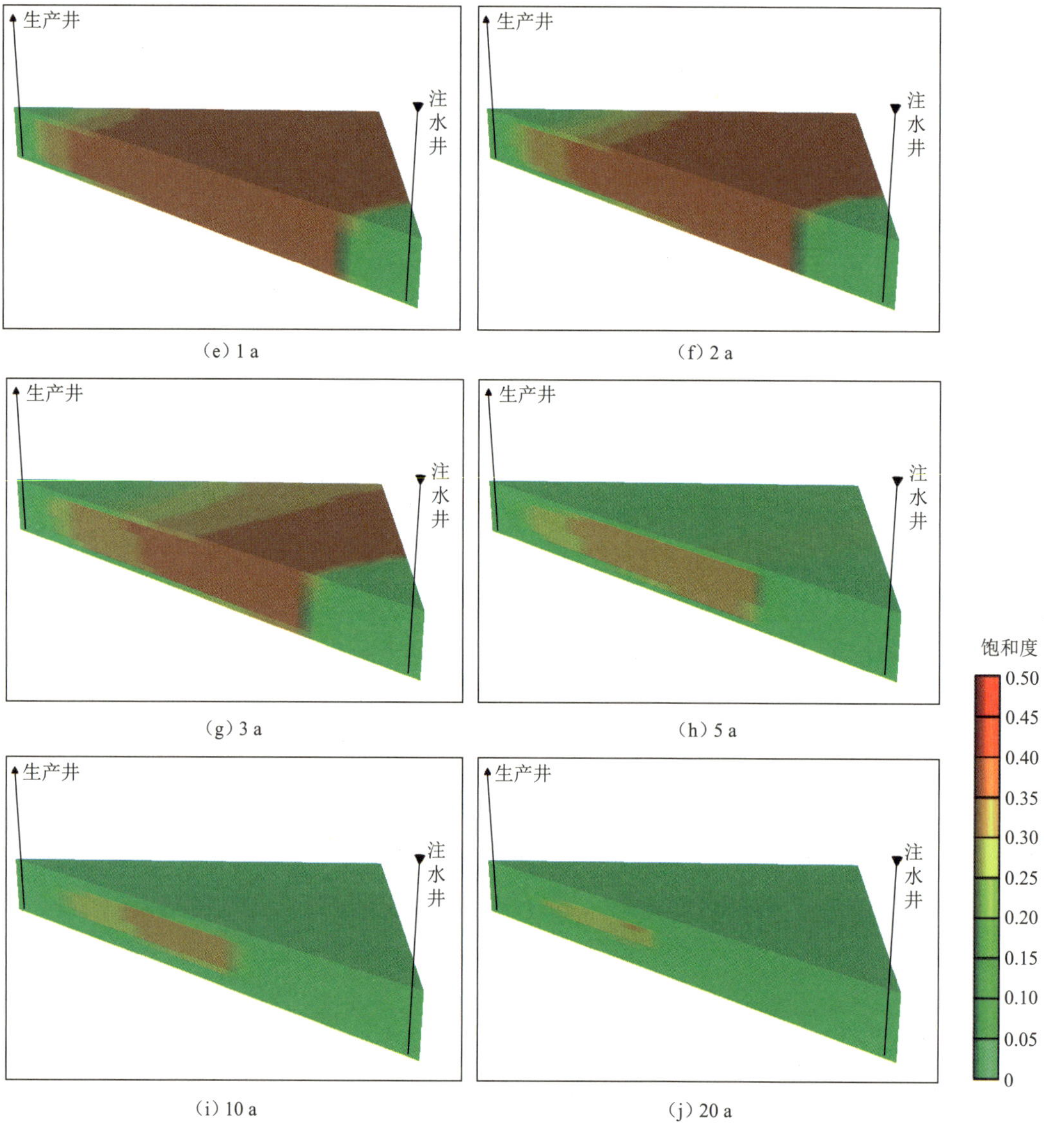

图 4-8(续) 不同时刻水合物饱和度分布的剖面图

4.2 降压＋注热驱替法开采参数优化

水合物藏降压＋注热驱替法开采参数优化时，主要研究降压幅度、降压速度、注热温度、注热速度及注热时机等参数对水合物藏开采效果的影响，优化出合理的开采参数取值，为设计实际水合物藏开采方案提供理论依据。

4.2.1 降压幅度优化

井底压力越小，降压幅度就越大。为了避免冰的生成，生产井井底压力分别设定为 $0.7p_i$(9.681 MPa)，$0.6p_i$(8.298 MPa)，$0.5p_i$(6.915 MPa)，$0.4p_i$(5.532 MPa)，$0.3p_i$(4.149 MPa)，$0.217p_i$(3 MPa)，对应的降压幅度分别为 $0.3p_i$，$0.4p_i$，$0.5p_i$，$0.6p_i$，$0.7p_i$，$0.783p_i$。不同降压幅度下注入热水温度均为 50 ℃，注入热水速度均为 50 m^3/d，采用一步降压法进行降压操作，总模拟时间为 20 a，即 7 304 d。

图 4-9、图 4-10 分别为降压＋注热驱替法开采过程中不同降压幅度下产气速度和平均水合物饱和度的变化曲线。可以看出，在相同的注热情况下，降压幅度越大，生产初期同一时刻产气速度越大，产气峰值越高，且峰值出现的时间越早，平均水合物饱和度越低。这是由于在降压＋注热驱替法开采水合物藏时，降压幅度越大，水合物分解驱动力越大，从而促使水合物进一步发生分解。在同一个降压幅度的同一时刻，降压＋注热驱替法的产气速度比降压法更大。

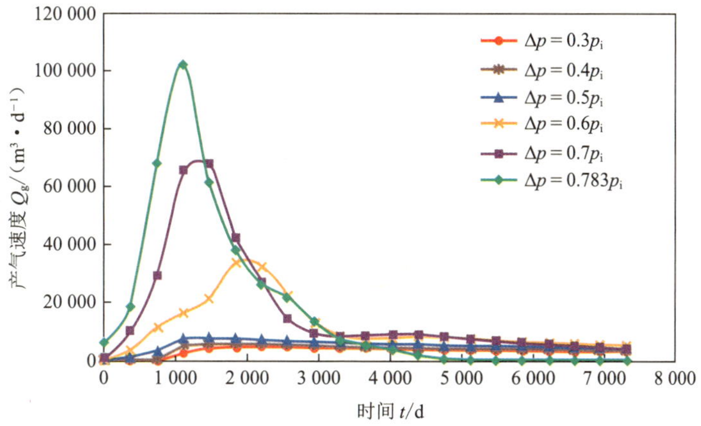

图 4-9 不同降压幅度下产气速度的变化曲线

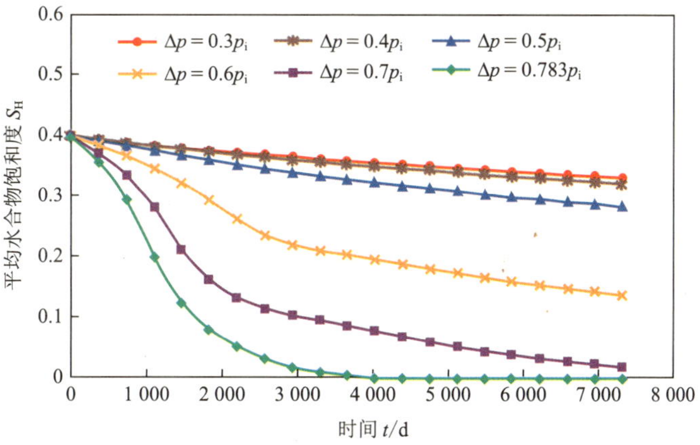

图 4-10 不同降压幅度下平均水合物饱和度的变化曲线

图 4-11 为不同降压幅度下地层平均温度的变化曲线。可以看出，降压幅度越大，同一时刻地层平均温度越低。这是由于降压幅度越大时，水合物分解驱动力越大，因而会加快水合物分解，使水合物分解消耗的热量增多，同一时刻地层平均温度降低。当降压幅度为 0.3p_i时，7 304 d 的地层平均温度为 14.99 ℃；当降压幅度为 0.783p_i时，7 304 d 的地层平均温度为 11.97 ℃。由于热水的注入，同一时刻降压+注热驱替法的温度比降压法更高。

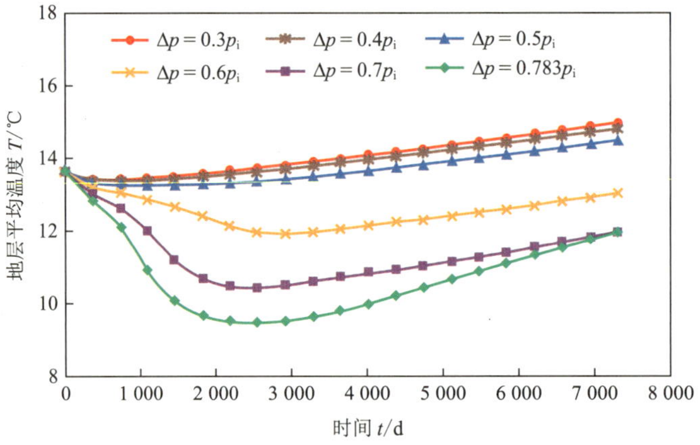

图 4-11 不同降压幅度下地层平均温度的变化曲线

表 4-1 为不同降压幅度下生产结束时(共生产 7 304 d)的重要开采指标，图 4-12 为水合物藏分解率、采收率和能量效率随降压幅度的变化曲线。可以看出，对于降压+注热驱替法，随着降压幅度的增大，累产气量、累产水量均增大，水合物藏分解率、采收率及能量效率也同步增大，生产结束时地层平均温度则降低，这说明井底压力的降低会进一步促进水合物的分解。7 304 d 时，降压幅度从 0.3p_i增加到 0.783p_i，对应累产气量增加了 7.56 倍，累产水量增加了 5.44%。当降压幅度超过 0.5p_i后，水合物藏分解率、采收率及能量效率的增加速度变快，但从获得更多气量并使能量效率较高的角度考虑，在所选注热参数条件下，建议开采神狐水合物藏时降压幅度至少应为 0.7p_i，即井底压力不应超过 4.149 MPa。

表 4-1 不同降压幅度下生产结束时(共生产 7 304 d)的重要开采指标

开采指标	降压 0.3p_i	降压 0.4p_i	降压 0.5p_i	降压 0.6p_i	降压 0.7p_i	降压 0.783p_i
累产气量/(10^8 m^3)	0.16	0.20	0.31	0.81	1.26	1.37
累产水量/(10^4 m^3)	147	149	151	152	154	155
累注水量/(10^4 m^3)	146	146	146	146	146	146
水合物藏采收率	0.11	0.15	0.23	0.59	0.92	0.99
水合物藏分解率	0.17	0.19	0.29	0.65	0.95	1.00
地层平均温度/℃	14.85	14.69	14.36	12.91	11.79	11.68
能量效率	2.59	3.35	5.18	13.56	21.00	22.74

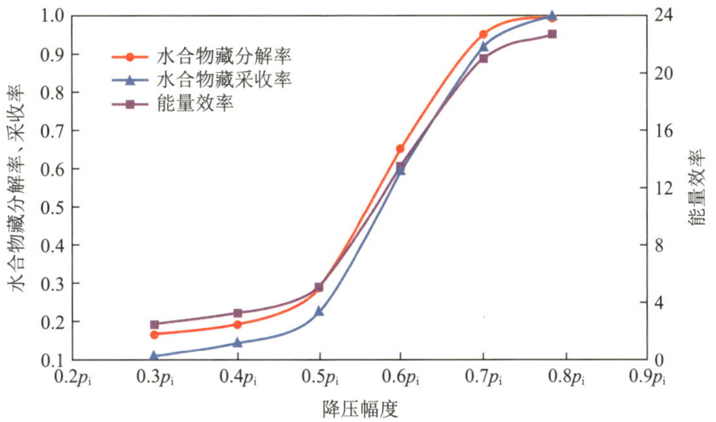

图 4-12　水合物藏分解率、采收率和能量效率随降压幅度的变化曲线(共生产 7 304 d)

4.2.2　降压速度优化

降压用时越短，降压速度就越快。地层初始压力为 13.83 MPa，生产结束时井底流压设置为 5 MPa，以此设计不同的降压用时(1 d，200 d，400 d，600 d，800 d 和 1 000 d)来反映不同的降压速度(8.830 0 MPa/d，0.044 2 MPa/d，0.022 1 MPa/d，0.014 7 MPa/d，0.011 0 MPa/d 和 0.008 8 MPa/d)。不同降压速度下注热温度均为 50 ℃，注热速度均为 50 m^3/d，总模拟时间为 20 a，即 7 304 d。

图 4-13、图 4-14 分别为降压＋注热驱替法开采过程中不同降压速度下产气速度和累产气量的变化曲线。可以看出，降压速度快时，水合物分解驱动力大，从而使初期产气速度增大，产气峰值出现更早，水合物未完全分解前同一时刻累产气量增大。

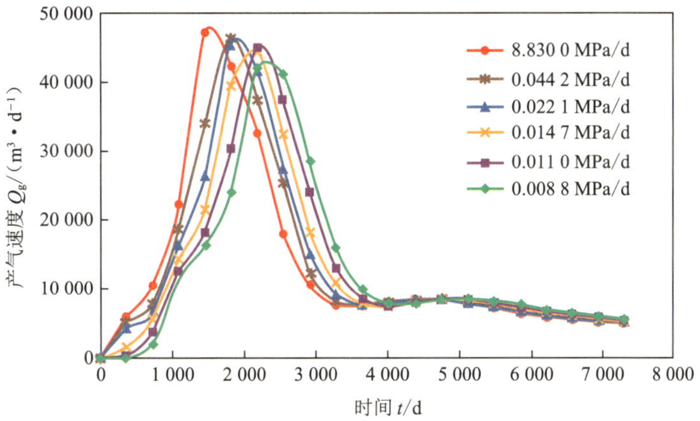

图 4-13　不同降压速度下产气速度的变化曲线

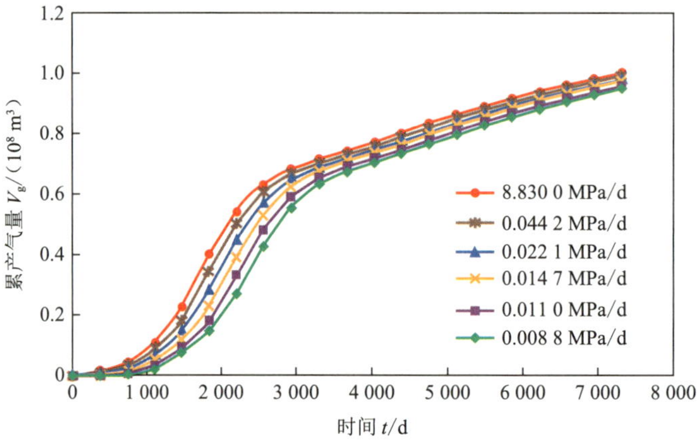

图 4-14　不同降压速度下累产气量的变化曲线

图 4-15 为不同降压速度下地层平均温度的变化曲线。可以看出，降压速度越快，同一时刻地层平均温度越低。这是由于降压用时越短，降压速度越快，同一时刻井底压力越低，水合物分解驱动力越大，因此促使水合物分解；由于水合物分解需要吸收热量，从而使同一时刻地层平均温度越低。初期注入的热量被水合物分解所大量消耗，使地层温度降低，后期由于热水持续不断地注入，岩石不断传导热量，从而使地层温度不断上升。

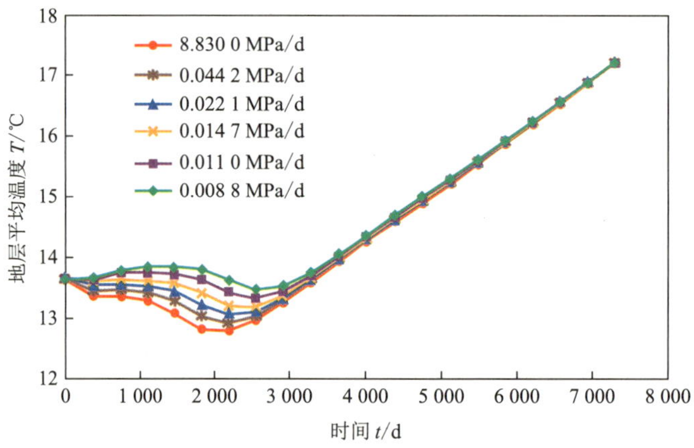

图 4-15　不同降压速度下地层平均温度的变化曲线

表 4-2 为不同降压速度下生产结束时（共生产 7 304 d）的重要开采指标，图 4-16 为水合物藏分解率、采收率和能量效率随降压用时的变化曲线。可以看出，对于降压＋注热驱替法，随着降压速度的减小，累产气量减小，累产水量略有增加，水合物藏分解率、采收率及能量效率同步减小，生产结束时地层平均温度稍有增加，这说明降压速度的加快会促进水合物的分解。7 304 d 时，降压速度从 8.83 MPa/d 减小到 0.008 8 MPa/d，对应累产气量减小了约 4.99%，累产水量增加了约 0.44%。因此，从获得更多气量并使能量效率较高的角度考虑，建议开采水合物藏时，在开采设备安全性及地层岩石稳定性得到保证的前提下，尽可能选择较快的降压速度。

表 4-2　不同降压速度下生产结束时(共生产 7 304 d)的重要开采指标

开采指标	降压用时 1 d	降压用时 200 d	降压用时 400 d	降压用时 600 d	降压用时 800 d	降压用时 1 000 d
降压速度/(MPa·d^{-1})	8.830 0	0.044 2	0.022 1	0.014 7	0.011 0	0.008 8
累产气量/(10^8 m^3)	1.003	0.993	0.984	0.977	0.963	0.953
累产水量/m^3	1 483 691	1 485 041	1 486 237	1 487 431	1 488 489	1 490 280
累注水量/(10^4 m^3)	146	146	146	146	146	146
水合物藏采收率	0.73	0.72	0.72	0.71	0.70	0.69
水合物藏分解率	0.78	0.77	0.77	0.76	0.75	0.75
地层平均温度/℃	17.22	17.23	17.23	17.23	17.24	17.24
能量效率	16.70	16.53	16.39	16.27	16.04	15.87

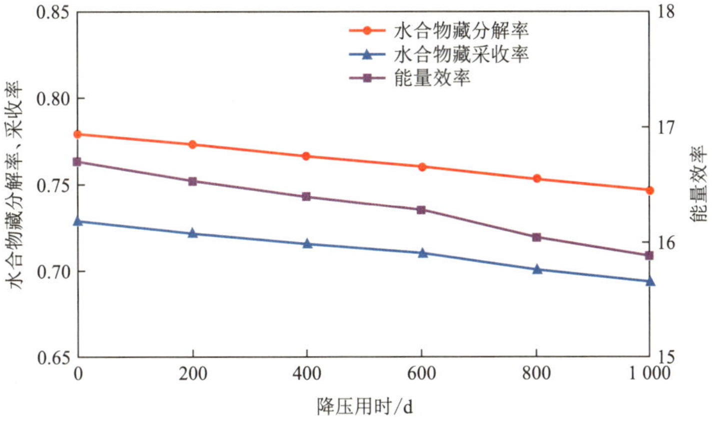

图 4-16　水合物藏分解率、采收率和能量效率随降压用时的变化曲线(共生产 7 304 d)

4.2.3　注热温度优化

在优化注热温度的取值时，将注水井注入热水温度分别设定为 25 ℃(可用常温海水，以节省开采成本)，40 ℃，60 ℃，80 ℃和 100 ℃，注入速度均为 50 m^3/d，生产井井底压力设置为 5 MPa，即降压幅度为 0.638p_i，采用一步降压法进行降压操作，总模拟生产时间为 20 a，即 7 304 d。

图 4-17、图 4-18 分别为水合物开采过程中不同注热温度下产气速度和累产气量的变化曲线。可以看出，注热温度越高，相同时间内提供给水合物的热量就越多，从而促进水合物进一步发生分解，提高产气速度，增加累产气量。

图 4-19 为不同注热温度下地层平均温度随时间的变化曲线。可以看出，注热温度越高，注入的热水传导给地层的热量就越多，同一时刻地层平均温度就越高。

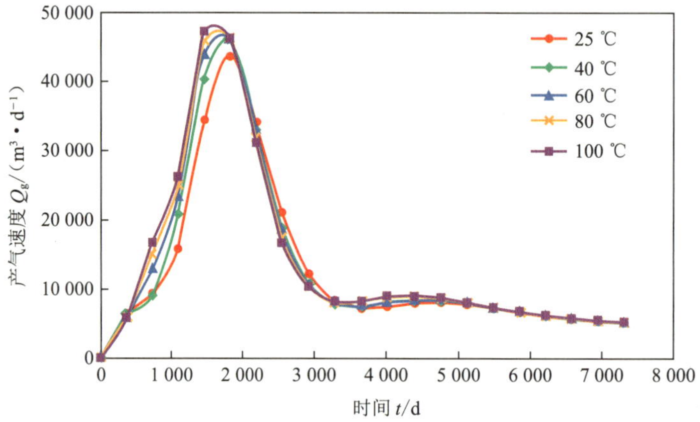

图 4-17 不同注热温度下产气速度的变化曲线

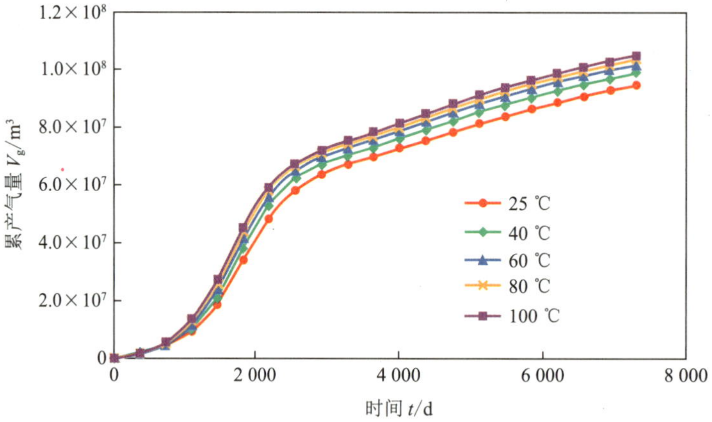

图 4-18 不同注热温度下累产气量的变化曲线

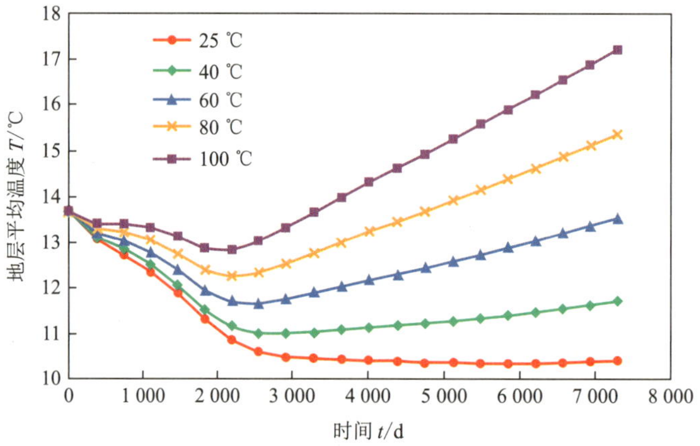

图 4-19 不同注热温度下地层平均温度的变化曲线

表 4-3 为不同注热温度下生产结束时(共生产 7 304 d)的重要开采指标。可以看出，对于降压+注热驱替法，随着注热温度的增加，累产气量增大，累产水量减小，水合物藏分解率和采收率增大，能量效率减小，生产结束时地层平均温度增加。这是由于注热温度越

高，相同时间内供水合物分解所用的热量越多，从而加速水合物分解，促进气体的产出，使同一时刻地层平均温度增加。7 304 d 时，注热温度从 25 ℃增加到 100 ℃，累产气量增加了约 10.67%，由于气水流动能力的差异，累产水量降低了约 0.94%，水合物藏分解率提高了约 9.46%，能量效率降低了约 85.50%，如图 4-20 所示。综合考虑产能和能量效率，建议开采水合物藏时，在本书研究范围内选择注水的温度为 25～60 ℃。

表 4-3　不同注热温度下生产结束时(共生产 7 304 d)的重要开采指标

开采指标	注热温度 25 ℃(常温海水)	注热温度 40 ℃	注热温度 60 ℃	注热温度 80 ℃	注热温度 100 ℃
累产气量/(10^8 m^3)	0.946	0.986	1.017	1.034	1.047
累产水量/(10^4 m^3)	149.2	148.6	148.1	147.9	147.8
累注水量/(10^4 m^3)	146	146	146	146	146
水合物藏采收率	0.688	0.717	0.740	0.751	0.761
水合物藏分解率	0.74	0.77	0.79	0.80	0.81
地层平均温度/℃	10.40	11.71	13.52	15.36	17.22
能量效率	50.55	22.66	13.28	9.42	7.33

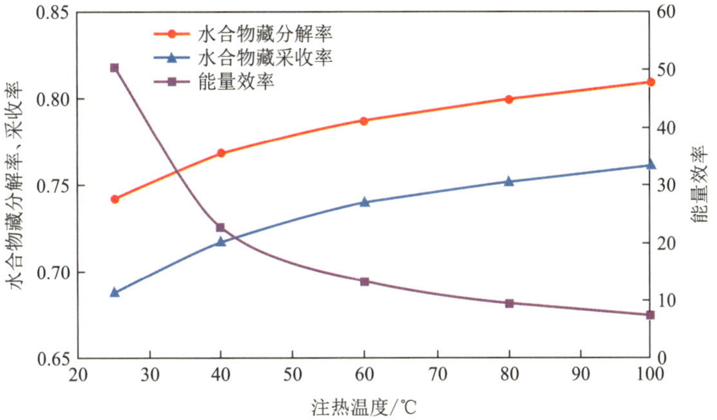

图 4-20　水合物藏分解率、采收率和能量效率随注热温度的变化曲线(共生产 7 304 d)

4.2.4　注热速度优化

注水井注热速度分别设定为 40 m^3/d，60 m^3/d，80 m^3/d 和 100 m^3/d，注入温度均为 50 ℃，生产井井底压力设置为 5 MPa，即降压幅度为 0.638p_i，采用一步降压法进行降压操作，总模拟时间为 20 a，即 7 304 d。

图 4-21、图 4-22 分别为不同注热速度下产气速度和累产气量的变化曲线。可以看出，注热速度越快，开采初期同一时刻产气速度越小，产气峰值越晚达到，累产气量越小。

此模拟结果与传统常规油气藏的结果相反，这主要是因为初期注入的热水使水合物藏地层平均压力加大(图 4-23)，但岩石导热能力有限，温度不能迅速上升，会造成水合物藏温压条件偏离平衡状态，阻碍水合物的分解。随着热水的不断注入，地层温度上升，温压条

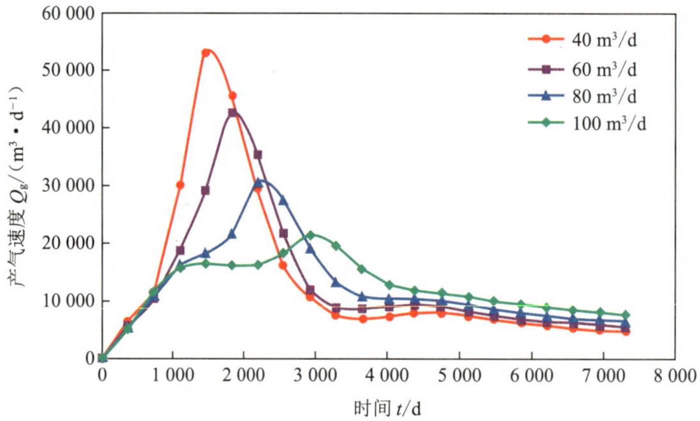

图 4-21　不同注热速度下产气速度的变化曲线

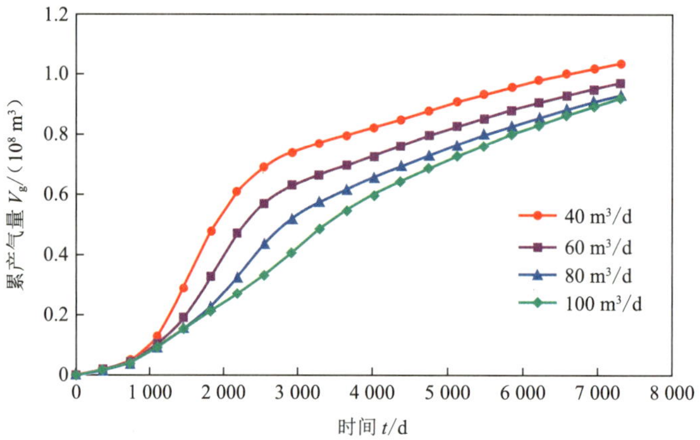

图 4-22　不同注热速度下累产气量的变化曲线

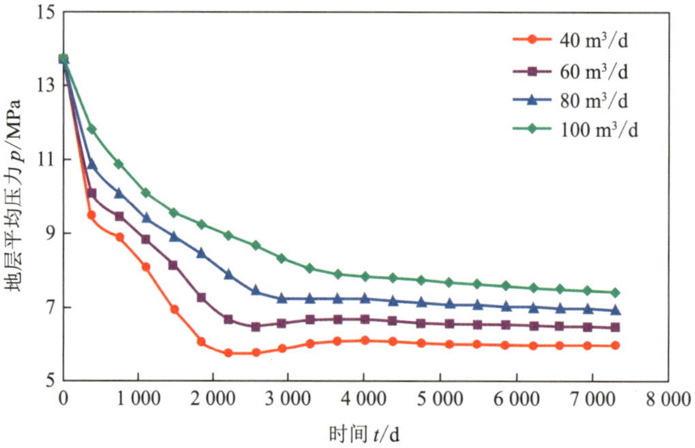

图 4-23　不同注热速度下地层平均压力的变化曲线

件逐渐接近相平衡状态，累产气量的差异逐渐减小。注热速度的提高虽使水合物藏分解率增大，但产水量剧增，产气量有所下降，详见表 4-4。

表 4-4　不同注热速度下生产结束时（共生产 7 304 d）的重要开采指标

注热速度 /($m^3 \cdot d^{-1}$)	累产气量 /(10^8 m^3)	累产水量 /(10^4 m^3)	累注水量 /(10^4 m^3)	水合物藏采收率	水合物藏分解率	地层平均温度 /℃	能量效率
40	1.039	119	117	0.76	0.77	11.75	21.62
60	0.972	178	175	0.71	0.79	13.44	13.48
80	0.934	236	234	0.68	0.80	15.01	9.72
100	0.924	294	292	0.67	0.81	16.46	7.69

图 4-24 为不同注入速度下地层平均温度的变化曲线。可以看出，注热速度越大，同一时刻地层平均温度越高。这是由于注热速度增加时，相同时间内可供水合物分解吸收的热量增多，但由于地层压力迅速上升，而地层温度变化迟缓，因此偏离了相平衡条件，不利于水合物分解，此时注入的热量则会用于升高地层平均温度。

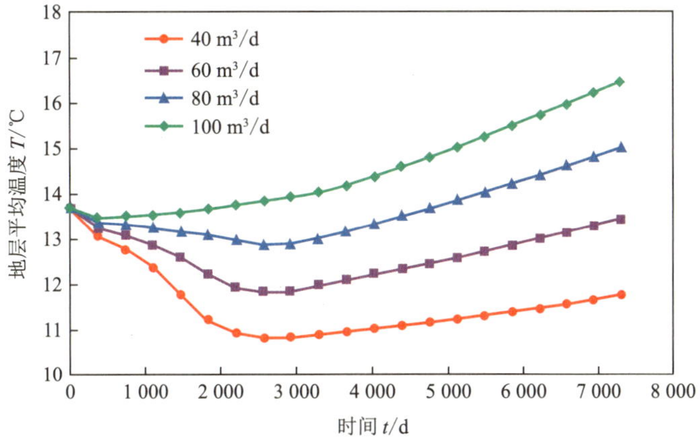

图 4-24　不同注热速度下地层平均温度的变化曲线

表 4-4 为不同注热速度下生产结束时（共生产 7 304 d）的重要开采指标。可以看出，对于降压＋注热驱替法，随着注热速度的增加，累产气量减小，累产水量增加，水合物藏分解率增加，水合物藏采收率减小，生产结束时地层平均温度增加。这是由于注热速度增加时，相同时间内可供水合物分解吸收的热量增多，但由于注入热水使地层压力迅速升高，而地层温度升高缓慢，因此阻碍了水合物的分解，降低了产气量。7 304 d 时，注热速度从 40 m^3/d 增加到 100 m^3/d，累产气量减小了约 11.07%，累产水量增加了约 1.47 倍，水合物藏分解率提高了约 5.19%，能量效率降低了约 64.43%，如图 4-25 所示。综合考虑产能和能量效率，建议开采水合物藏时，保证产能较大时选择较低的注热速度，以减少开采的成本，提高经济效益。在本书研究范围内选择注热速度为 40～60 m^3/d。

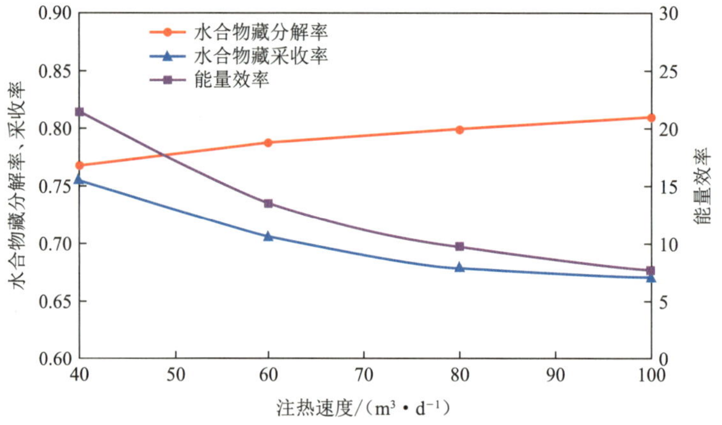

图 4-25　水合物藏分解率、采收率和能量效率随注热速度的变化曲线(共生产 7 304 d)

4.2.5　注热时机优化

注水井注热速度设定为 50 m^3/d，注热温度为 50 ℃，生产井井底压力设置为 5 MPa，即降压幅度为 $0.638p_i$，采用一步降压法进行降压操作，总模拟时间为 20 a，即 7 304 d。将注热时间设置为不同的值。

图 4-26、图 4-27 分别为不同注热时机下产气速度和累产气量的变化曲线。可以看出，开始即注水时注入水使水合物相平衡条件发生了较大改变，因此产气速度和累产气量最小，而产气峰值注水的产气速度和累产气量比峰值后注水的大，因此最佳的注热时机应为产气峰值时。

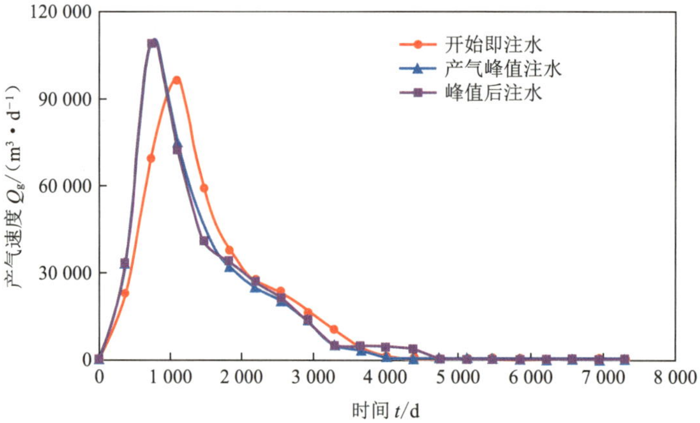

图 4-26　不同注热时机下产气速度的变化曲线

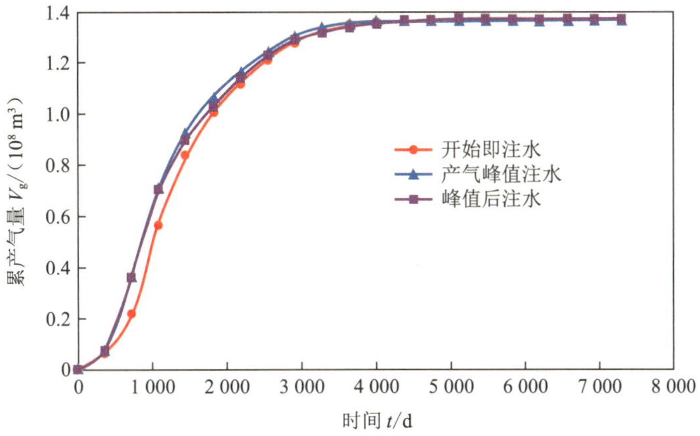

图 4-27　不同注热时机下累产气量的变化曲线

4.3　降压＋注热驱替法开采参数正交设计

正交设计首先要根据影响因素的个数及每个因素的水平数设计出一个适用的正交表，以尽可能少的实验获得典型数据，然后经过统计分析，获得各个因素影响程度的大小及最优取值。水合物藏降压＋注热驱替法开采参数正交设计时，共分析了降压幅度、降压速度、注热温度和注热速度 4 个因素，每个因素均选取 3 个水平数。为了研究方便，注热时机均为开始即注水。各因素取值水平如下：

（1）降压幅度。

选取的井底压力分别为 3 MPa，4 MPa，5 MPa，对应的降压幅度分别为 $0.783p_i$，$0.711p_i$，$0.638p_i$。

（2）降压速度。

降压速度选取 8.830 0 MPa/d，0.044 2 MPa/d，0.022 1 MPa/d。

（3）注热温度。

选取的注热温度分别为 25 ℃，40 ℃，60 ℃。

（4）注热速度。

选取的注热速度分别为 40 m^3/d，50 m^3/d，60 m^3/d。

根据以上 4 个因素及每个因素所取的 3 个水平数，采用正交表 $L_9 3^4$ 进行正交设计，实验参数、实验获得的累产气量和计算所得的能量效率见表 4-5。在进行各因素影响效果评价时采用能量效率指标。

以能量效率为评价依据，判断出开采参数对能量效率的影响程度并将其由大到小排列为注热温度、注热速度、降压幅度、降压速度。以此为依据，得出开采效果较好的水合物藏降压＋注热驱替法开采方案对应的开采参数组合为生产井降压幅度 $0.783p_i$、降压速

表 4-5　降压＋注热驱替法实验参数及结果

实验序号	降压幅度	降压速度 /(MPa·d^{-1})	注热温度 /℃	注热速度 /(m^3·d^{-1})	累产气量 /(10^8 m^3)	能量效率
1	$0.783p_i$	8.830 0	25	40	1.367 5	91.27
2	$0.783p_i$	0.044 2	40	50	1.364 7	31.34
3	$0.783p_i$	0.022 1	60	60	1.362 0	14.81
4	$0.711p_i$	8.830 0	40	60	1.2.558	24.03
5	$0.711p_i$	0.044 2	60	40	1.3.283	21.66
6	$0.711p_i$	0.022 1	25	50	1.266 4	67.61
7	$0.638p_i$	8.830 0	60	50	1.017 5	13.28
8	$0.638p_i$	0.044 2	25	60	0.885 7	39.41
9	$0.638p_i$	0.022 1	40	40	1.006 6	28.89

度 8.830 0 MPa/d，注水井注热温度 25 ℃、注热速度 40 m^3/d。此方案累产气量可达 1.367 5×10^8 m^3，水合物能完全分解，水合物藏采收率为 99.41%，能量效率可达到 91.27。

4.4　本章小结

本章首先分析了降压＋注热驱替法试开采动态，明确了开采过程中产气速度、产水速度、压力、温度及水合物饱和度的动态变化规律；然后优化了降压幅度、降压速度、注热温度、注热速度等开采参数的取值；再通过正交设计评价了开采参数对能量效率的影响程度；最后得出了在本章水合物藏模型下降压＋注热驱替法的最优开采方案。

本章通过数值模拟研究得到以下结论：

(1) 在不考虑冰生成的情况下，降压幅度越大，开采效果越好。当降压幅度超过 $0.5p_i$后，水合物藏分解率、采收率及能量效率的增加速度变快。从获得更多气量并使能量效率较高的角度考虑，建议开采水合物藏时降压幅度至少应为 $0.7p_i$，即井底压力应不超过 4.149 MPa。

(2) 降压用时越短即降压速度越快，开采效果越好。从获得更多气量并使能量效率较高的角度考虑，建议开采水合物藏时，在开采设备安全性及地层岩石稳定性得到保证的前提下，尽可能选择较快的降压速度。

(3) 注热温度越高，累产气量越大。7 304 d 时，注热温度从 25 ℃增加到 100 ℃，对应累产气量增加了 10.62%，累产水量降低了 0.94%，水合物藏分解率提高了 9.46%，能量效率降低了 85.50%。综合考虑产能和能量效率，建议在本章研究范围内选择注热温度为 25～60 ℃。

(4) 注热速度越快，开采效果越差。初期注入的热水使水合物藏温压条件偏离相平衡条件，阻碍了水合物的分解。随着热水的不断注入，地层平均温度上升，累产气量差异逐渐减小。最终注热速度的提高虽使水合物藏分解率增大，但产水量剧增，产气量有所下降。7 304 d 时，注热速度从 40 m^3/d 增加到 100 m^3/d，对应累产气量减小了 11.07%，累产水量增加了 1.47 倍，水合物藏分解率提高了 5.19%，能量效率降低了 64.43%。综合考虑产能和能量效率，建议开采水合物藏时选择较低的注热速度，以减少开采水的成本，提高水合物开采的经济效益。在本章研究范围内选择注热速度为 40～60 m^3/d。

(5) 根据降压＋注热驱替法开采过程中产气速度和累产气量随时间的变化曲线，得出最佳的注热时机应该为产气峰值时。

(6) 设计正交实验对开采参数影响程度及最优取值进行分析，为了研究方便，注热时机均为开始即注水。根据正交实验设计结果，评价各开采参数对能量效率的影响程度，并将其按从大到小的顺序排列为注热温度、注热速度、降压幅度、降压速度。由此得出在本章水合物藏模型下，降压＋注热驱替法最优的开采参数组合为：生产井降压幅度 0.783p_i、降压速度 8.830 0 MPa/d，注水井注热温度 25 ℃、注热速度 40 m^3/d。此方案累产气量可达 1.367 5×10^8 m^3，水合物能完全分解，水合物藏采收率为 99.41%，能量效率可达到 91.27。

第5章
神狐水合物藏降压开采的数值模拟研究

应用T+H软件，建立神狐水合物藏地质模型，在对降压开采数据进行历史拟合的基础上，预测长期生产动态并对影响开采效果的因素进行敏感性分析。

5.1 神狐水合物藏首次试采数值模拟研究

5.1.1 神狐水合物藏首次试采情况简介

1）勘探概况

神狐海域地处中国南海，在西沙海槽和东沙群岛之间，属于中新世的构造沉降，地质构造位于南海北部大陆坡的珠江口盆地。自1998年起，有关南海天然气水合物的调研工作陆续展开。南海北部陆坡是目前我国天然气水合物调查研究的重点区域，神狐海域被认为是其中最有希望钻探到天然气水合物的区域之一。广州海洋地质调查局在南海地区已实施多次水合物钻探。

2007年4～6月，广州海洋地质调查局在南海北部神狐海域实施第一次天然气水合物钻探GMGS1，在SH2，SH3和SH7站位获得天然气水合物样品。这3个站位均分布在热流值较低的区域，但其热流值仍介于66～75 mW/m^2之间，与高热流背景的卡斯凯迪亚增生楔和日本Nankai海槽相近，可能皆属气源充足、补给快速的天然气水合物赋藏形式。样品分析结果显示，神狐海域钻探区内以Ⅰ型天然气水合物为主，兼有Ⅱ型天然气水合物存在。此次钻探成果表明，神狐水合物藏岩性主要为富含黏土和粉砂的沉积物，水合物饱和度为20%～40%。

2013年6～9月，广州海洋地质调查局在南海北部陆坡珠江口盆地东部海域成功实施第二次天然气水合物钻探GMGS2，确定水合物矿体内部结构分为浅、中、深3层。浅层水合物饱和度为65%～75%，孔隙度约为50%；中层水合物饱和度为25%～100%，孔隙度约为70%；深层水合物饱和度约为40%，孔隙度为30%～40%。在5个站位获取了大量层状、块状、瘤状、脉状、分散状等多种类型的水合物实物样品，其中8号站位测井异常识别2段天然气水合物层。此次钻探中，10口钻井控制矿藏面积55 km^2，以最低转换率计算，控制储量达到(1 000～1 500)×10^8 m^3。

2015 年实施的 GMGS3 钻探航次钻探区位于神狐海域，历时 92 d，分 3 个航段完成，第一、二航段为先导孔钻探航段，第三航段为取芯航段。此次钻探在 19 个站位进行随钻测井(LWD)，在其中 4 个站位进行取芯，水深为 885～1 530 m，钻探深度在海底以下 170～360 m 之间，平均钻探深度为海底以下 235 m，钻探的水深及单井最大进尺 2 项数据均超过 2007 年及 2013 年的钻探结果。根据测井资料分析计算，单井含天然气水合物层厚度在 20～100 m 之间，单井饱和度为 20%～70%。钻探区天然气水合物分布面积约为 128 km^2，预测资源量超千亿立方米，具有巨大的资源潜力。

2016 年 4～8 月，由广州海洋地质调查局负责实施的 GMGS4 钻探航次在神狐海域和西沙海槽进行钻探取样，此次钻探发现的水合物存在于 20～90 m 厚的黏土质淤泥层中，证实了Ⅱ型水合物的存在。通过使用 LWD 技术，在 GMGS3 已有站位上探测了水合物层均质性，并验证了 GMGS3 所获数据的可靠性。钻探资料显示，钻探区域渗透率为(0.4～40)×10^{-3} μm^2，水合物层和非水合物层的渗透率没有显著的差异。水合物样品分析结果显示，SC-W02-2017 站位孔隙度为 10%。另外，在西沙海槽进行的 10 次 LWD 测试中均没有发现水合物的踪迹。

2）试采情况

从 2017 年 5 月 10 日开始中国地质调查局在神狐海域水深 1 266 m、海底以下 203～277 m 的天然气水合物矿藏采出天然气，并进行试气点火。至 5 月 18 日 10 时，试采持续 7 d 19 h，累产气量超过 12×10^4 m^3，单日最高产量达 3.5×10^4 m^3/d，平均日产气量 1.6×10^4 m^3，其中甲烷体积分数最高达 99.5%。至 5 月 26 日，连续产气 16 d，平均日产气量超过 1×10^4 m^3。至 6 月 2 日，连续产气超过 22 d，平均日产气量 8 350 m^3。至 6 月 10 日 14 时 52 分，连续产气 31 d，累产气量达 21×10^4 m^3，平均日产气 6 800 m^3。至 6 月 21 日，连续试采 42 d，累产气量约 23.5×10^4 m^3。7 月 9 日 14 时 52 分，试开采在连续进行 60 d 后结束，累产气量约 30.0×10^4 m^3，平均日产气量 5 151 m^3。此次试采的成功标志着我国在天然气水合物开采方面实现了历史性突破。

2017 年神狐海域的水合物试采生产数据见表 5-1。由表 5-1 可见，在 60 d 的开采过程中，产气速度初始较高，很快就开始降低，30 多天时降低到 2 200 m^3/d 左右，42 d 之后产气速度又开始缓慢升高，但一直低于初期水平。

表 5-1　2017 年神狐海域的水合物试采生产数据

生产时间/d	累产气量/m^3	生产区间/d	产气速度/($m^3 \cdot d^{-1}$)
0	0	0～8	16 000
8	128 000	9～16	4 000
16	160 000	17～22	3 950
22	183 700	23～31	2 978

续表

生产时间/d	累产气量/m^3	生产区间/d	产气速度/($m^3 \cdot d^{-1}$)
31	210 502	32～42	2 200
42	234 702	43～60	3 611
60	309 900	0～60	5 000

5.1.2 神狐水合物藏地质模型建立

由广州海洋地质调查局对神狐海域的测井数据可知，水合物层厚度为 77 m，分为 A 层、B 层和 C 层。水合物 A 层厚度为 35 m，包括水和水合物，平均有效孔隙度为 35%，平均水合物饱和度为 34%，平均渗透率为 2.9 mD(1 mD=10^{-3} μm^2)。B 层厚度为15 m，包括水、水合物和甲烷气，温度和压力条件满足水合物相平衡条件，平均有效孔隙度为 33%，平均水合物饱和度为 31%，平均渗透率为 1.5 mD。B 层是水合物层的活跃层，也是 2017 年试采的开采层。C 层厚度为 27 m，包括水和甲烷气，平均有效孔隙度为 32%，平均含气饱和度为 7.8%，平均渗透率为 7.4 mD。

根据南海神狐海域地质数据建立地质模型，模型尺寸为 500 m×500 m×317 m，即长度(X 方向)、宽度(Y 方向)均为 500 m，厚度(Z 方向)为 317 m。X 与 Y 方向上都划分为 15 个网格，Z 方向上划分为 16 个网格。模型共分为 3 层，包括上覆、下伏盖层和水合物层，上覆盖层的厚度为 200 m，下伏盖层的厚度为 40 m，水合物层的厚度为 77 m。水合物层又分为 3 层，其中 A 层厚度为 35 m，B 层厚度为 15 m，C 层厚度为 27 m。水合物层的各层之间没有隔层，模型中央布置一口直井进行单井降压生产，在 B 层射孔。模型如图 5-1 所示。

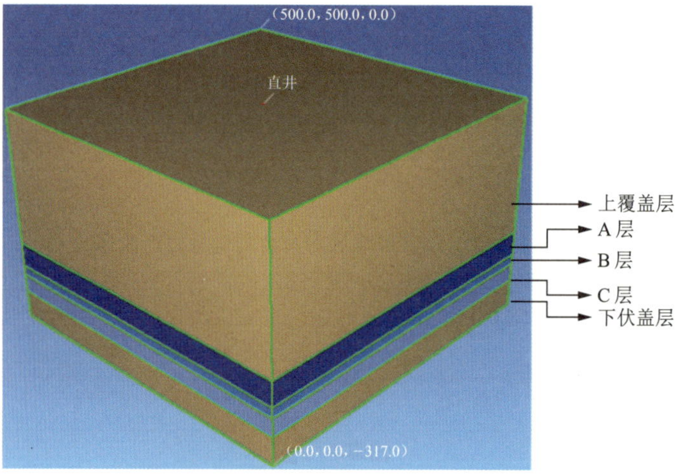

图 5-1 神狐水合物藏地质模型示意图

根据开采区域的水深和上覆岩层厚度，通过静水压力和静岩压力计算水合物各层的压力。该区域的海底温度为 3～4 ℃，地温梯度为 43～67.7 ℃/km，根据地温梯度计算水合物各层温度。水合物各层基本地质参数见表 5-2，数值模拟所用其他参数见表 5-3。

表 5-2　水合物各层基本地质参数

参　数	A 层	B 层	C 层
层厚/m	35	15	27
温度/℃	15.12	16.40	17.46
压力/MPa	14.84	15.10	15.29
孔隙度 ϕ	0.35	0.33	0.32
渗透率 $k(k_x=k_y=10k_z)$ /mD	2.9	1.5	7.4
含水饱和度	0.660	0.526	0.922
含气饱和度	0.000	0.164	0.078
水合物饱和度	0.34	0.31	0.00

表 5-3　数值模拟所用其他参数

参　数	取　值
岩石密度 $\rho_R/(kg \cdot m^{-3})$	2 600
上下盖层渗透率$(k_x=k_y=10k_z)$/mD	1
上下盖层孔隙度 ϕ	0.1
导热系数/$[W \cdot (m \cdot K)^{-1}]$	3.92
孔隙压缩系数/Pa^{-1}	5×10^{-7}
毛细管压力模型参数	$p_o = -p_{co}[(S^*)^{-1/\lambda}-1]^{1-\lambda}$ $S^* = (S_W - S_{irW})/(1-S_{irW})$
相对渗透率模型参数	$k_{rW} = (S_W^*)^n$ $k_{rG} = (S_G^*)^{n_G}$ $S_W^* = (S_W - S_{irW})/(1-S_{irW})$ $S_G^* = (S_G - S_{irG})/(1-S_{irW})$
束缚水饱和度 S_{irW}	0.65
束缚气饱和度 S_{irG}	0.3
系数 n	3

5.1.3 神狐水合物藏首次试采历史拟合

采用上述模型，根据生产压力(p_{wb})对神狐水合物藏试采结果进行拟合。模拟过程中将井底压力分别设定为 3 MPa，4 MPa 和 5 MPa。拟合结果如图 5-2 所示。

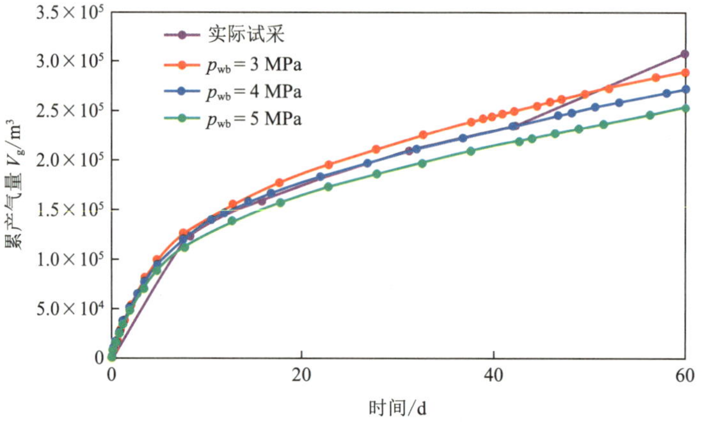

图 5-2 生产压力对累产气量的影响

通过比较不同井底压力下的模拟结果与实际试采结果可以发现，实际试采曲线与井底压力为 4 MPa 时的模拟结果拟合较好，因此将井底压力设定为 4 MPa。

针对产气速度，将生产压力为 4 MPa 时的模拟结果与实际试采结果做对比，如图 5-3 所示。

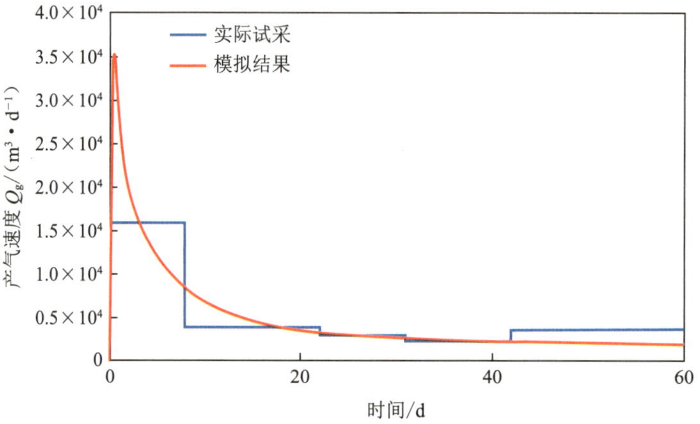

图 5-3 产气速度拟合情况

从图 5-3 可以看出，生产井井底压力设定为 4 MPa 时模拟结果与实际试采结果基本相符，能较好地反映实际开采的情况。

5.2　神狐水合物藏长期开采动态预测

在对神狐水合物藏首次试采历史数据拟合的基础上，将井底压力设定为 4 MPa，对水合物藏长期开采动态进行预测。

5.2.1　产能评价

1）产气情况分析

长期开采的产气速度和累产气量随时间的变化曲线如图 5-4 所示。从产气速度变化曲线可以看出，产气过程可以划分为 3 个阶段：

(1) 0～150 d，为自由气大量产出阶段。由于水合物 B 层初始存在自由气，因此在刚开始开采时就有气体产出，并且开采早期的产气速度较高，最高可以达到 3.5×10^4 m^3/d。之后由于储层的自由气和自由水的产出，储层压力逐渐降低，水合物开始分解，产出的气体包括自由气和水合物分解产生的气体两部分。该阶段的产出气以自由气为主，由于自由气逐渐减少，产气速度迅速下降。

(2) 151～700 d，为水合物大量分解产气阶段。开采井附近出现水合物二次生成现象。随着水合物分解量的增多，产气量增多，产气速度的下降速度变慢。但随着水合物不断分解吸热，开采井附近逐渐出现水合物二次生成的现象，阻碍了气体的产出，在 700 d 时产气速度下降速度变快。

(3) 701～2 000 d，为稳定产气阶段。开采井附近二次生成的水合物饱和度缓慢下降。随着压力的不断降低，水合物分解范围不断扩大，产气量增多，产气速度保持稳定，开采 700 d 后产气速度保持在 2 000 m^3/d 左右，长期开采的产气速度较低。

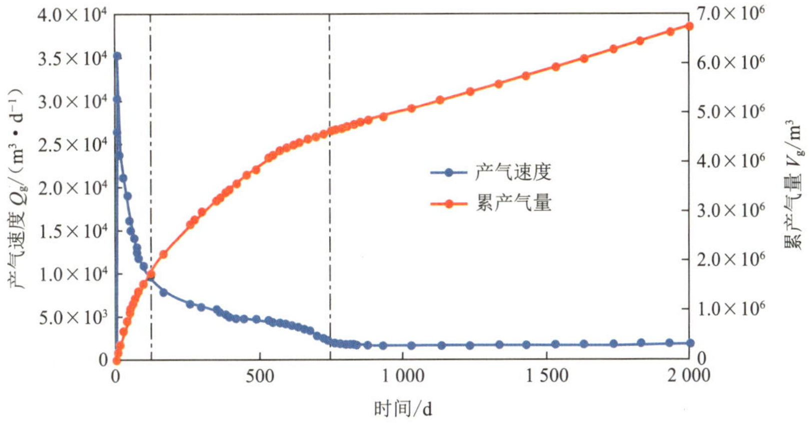

图 5-4　产气速度和累产气量随时间的变化曲线

从累产气量变化曲线可以看出，开采早期累产气量上升较快，700 d 后上升速率变缓，开采 2 000 d 时累产气量为 6.8×10^6 m^3，在开采过程中的日均产气量为 3 400 m^3/d。天然气商业开采的产气速度要求达到 10^5 m^3/d，因此在试采的基础上得到的神狐水合物藏长期开采的产气速度还远远低于商业开采要求的水平，不能实现商业开采。

2）产水情况分析

长期开采的产水速度和累产水量随时间的变化曲线如图 5-5 所示。从产水速度变化曲线可以看出，产水过程包括 3 个阶段：

(1) 0～150 d，为产水速度迅速下降阶段。储层含有大量自由水，由于降压抽水的影响，开采早期产水速度较高，达到 550 m^3/d。但随着开采井附近的自由水不断产出，降压效率逐渐降低，产水速度快速下降，开采 150 d 时已降到 100 m^3/d。

(2) 151～700 d，为产水速度缓慢降低阶段。随着水合物分解量的不断增多，水合物分解产生的水也逐渐增多，此阶段产水速度的下降速度变慢。由于开采井附近的二次生成水合物阻碍了水的流动，在 700 d 时产水速度快速下降。

(3) 701～2 000 d，为产水速度缓慢上升阶段。开采井附近二次生成水合物的饱和度缓慢下降，随着压力的不断降低，水合物分解范围不断扩大，产水量增多，产水速度开始缓慢回升。

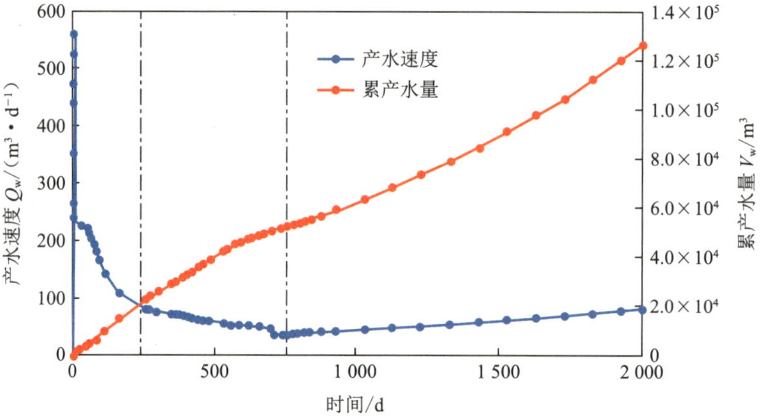

图 5-5 产水速度和累产水量随时间的变化曲线

开采 2 000 d 时累产水量为 1.26×10^5 m^3，日均产水量也较低，为 63 m^3/d。

5.2.2 水合物饱和度变化分析

通过研究开采过程中水合物饱和度的变化，可以更好地了解储层的开采情况。

图 5-6 为开采 0.5 d，10 d，500 d，1 000 d，1 500 d 和 2 000 d 时水合物饱和度的横剖面图。开采层（即水合物 B 层）初始含气饱和度为 0.164、含水饱和度为 0.526、水合物饱和度为 0.31，温压条件刚好符合水合物相平衡条件。由于降压采出流体的效率低，流体

会在开采井附近聚集，水合物开采 500 d 后开采井附近压力升高，而温度没有升高，从而导致开采井附近的温压条件偏离相平衡曲线，因此在 500 d 时开采井附近出现了水合物二次生成现象，二次生成的水合物饱和度最高达到 0.5。二次生成的水合物又会进一步降低降压采出流体的效率，从而导致水合物分解量较少，开采 2 000 d 时在离井较远的区域水合物饱和度仍然高于 0.3。

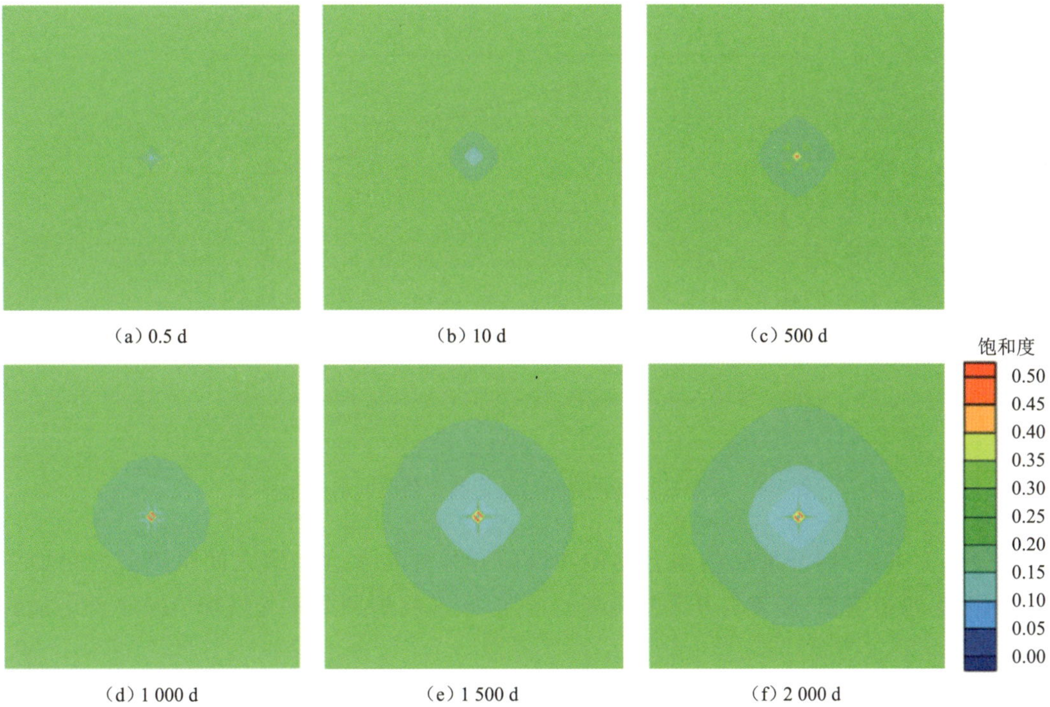

图 5-6　不同时刻下水合物饱和度的横剖面图

图 5-7 为水合物藏分解率随时间的变化曲线。从图 5-7 中可以看出，水合物藏分解率随着开采的进行缓慢上升，但是到开采结束时水合物藏分解率仅为 0.013，因此需要采

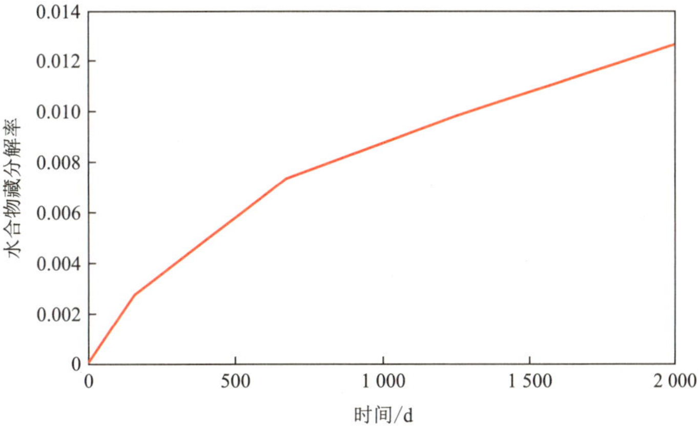

图 5-7　水合物藏分解率随时间的变化曲线

取一定的优化措施或者增产措施来提高水合物藏的分解率。

为了更好地研究开采井附近水合物二次生成的动态变化情况，绘制开采井周围25 m×25 m区域内的平均水合物饱和度变化曲线(图5-8)。从图5-8中可以看出，150～700 d时开采井附近的平均水合物饱和度升高，加快了产气速度的下降速度，从700 d起平均水合物饱和度缓慢降低，与产气速度维持稳定的阶段一致，这说明水合物二次生成会阻碍压力的传播和流体的流动，对水合物开采有不利的影响。

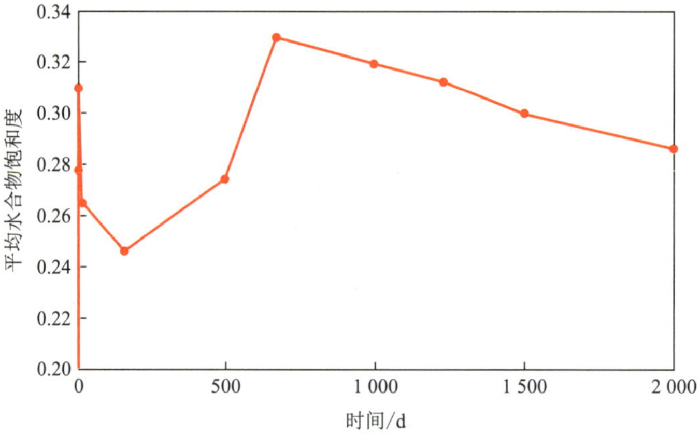

图5-8 开采井周围平均水合物饱和度随时间的变化曲线

开采2 000 d时开采层的水合物饱和度随开采井与水合物藏之间距离的变化如图5-9所示。可以看出，随着与开采井距离的增加，水合物饱和度呈先增加后减小再增加的趋势。

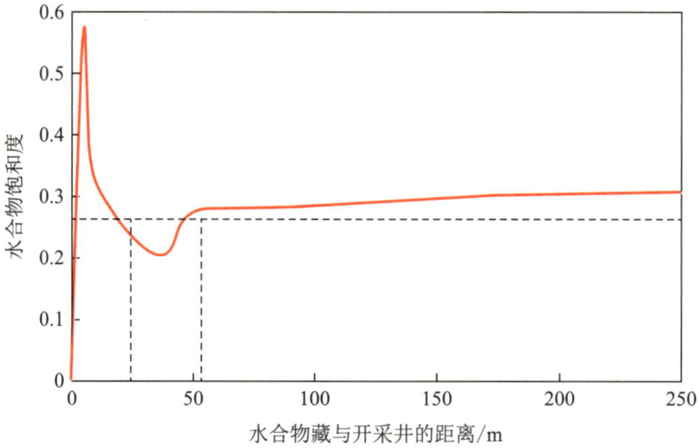

图5-9 开采2 000 d时开采层水合物饱和度随开采井与水合物藏之间距离的变化曲线

5.2.3　压力变化分析

储层中的压力变化对降压法开采能否发挥效果有着重要影响。图 5-10 为开采 0.5 d，10 d，500 d，1 000 d，1 500 d 和 2 000 d 时生产层的压力分布横剖面图。从图 5-10 中可以看出，开采井处的压力最先降低，然后逐渐呈圆形向外扩散，图中的圆形不规则是由网格划分引起的。开采井处的压力一直保持较低值，在其余地区压力降低十分缓慢。对比 10 d 和 500 d 时的压力分布图可以看出，开采井附近区域的压力升高，这是因为开采井附近出现水合物二次生成的现象，水合物二次生成本身就会导致高压并会阻碍流体流动，导致流体聚集，使该区域压力升高。到开采结束时整个开采层压力整体高于 12 MPa，距离开采井较远的区域高于 13 MPa，与初始 15.1 MPa 相比下降幅度很小，远高于井底压力的设置值。

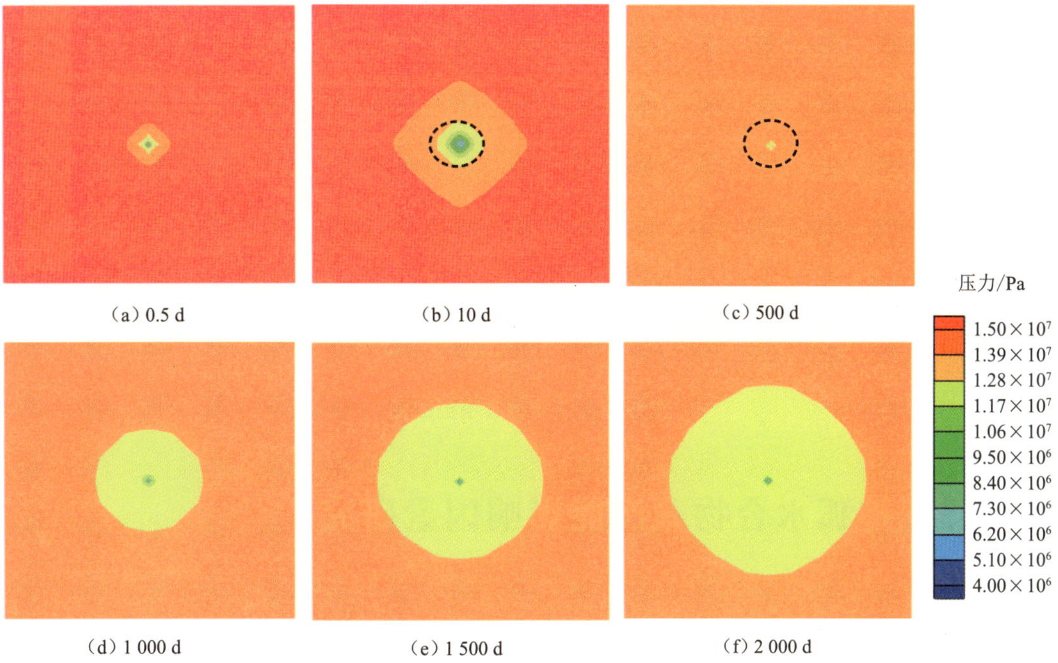

图 5-10　压力分布横剖面图

从压力的变化可以看出，由于神狐水合物藏的低渗透性，压力降低缓慢，压降不能有效传播，采用单一直井降压的效率较差。如果需要用降压法长期开采，就应采用多井或水平井等复杂井。

5.2.4　温度变化分析

水合物分解是吸热反应，而储层中的热量是水合物分解的能量来源。

图 5-11 为开采 0.5 d,10 d,500 d,1 000 d,1 500 d 和 2 000 d 时生产层的温度分布横剖面图。从图 5-11 中可以看出，开采井周围的水合物最先分解，因此开采井处的温度最先降低。生产早期开采井附近温度下降幅度（约为 11 ℃）最大。水合物分解的总量很少，因此整个开采层温度下降幅度（约为 3 ℃）较小。到 2 000 d 时储层整体温度高于 13 ℃，说明储层热量充足。

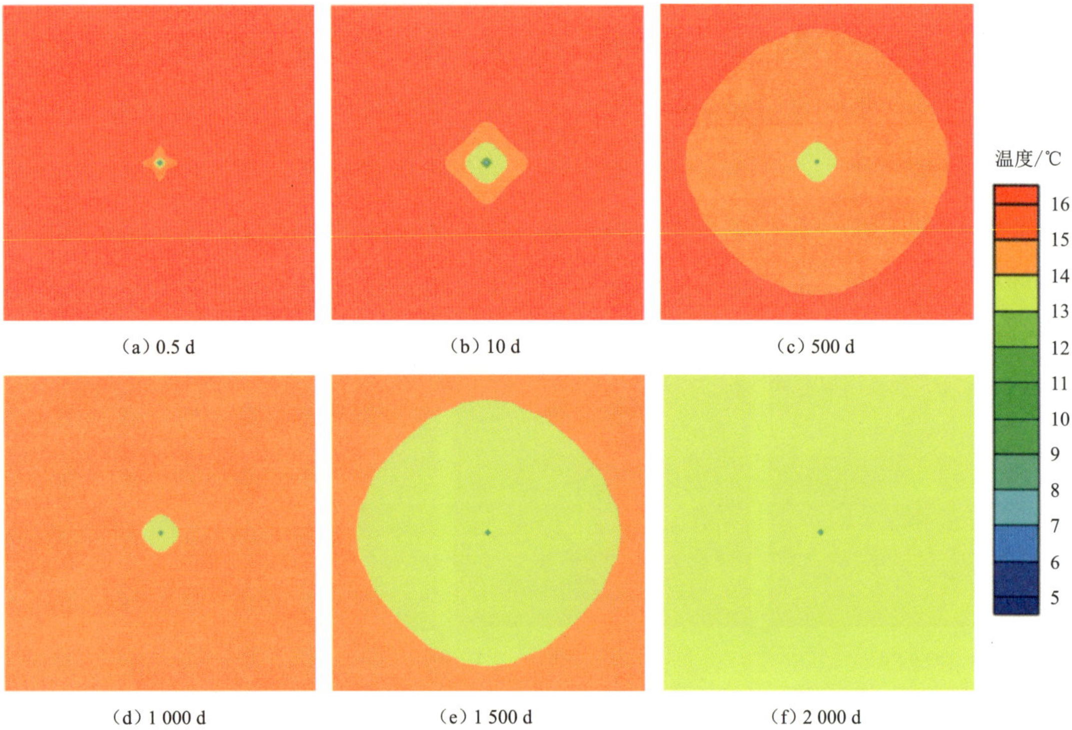

图 5-11　温度分布横剖面图

5.3　神狐水合物藏产能影响因素研究

5.3.1　敏感性分析方法

敏感性分析方法采用 LH(latin-hy-percube)-OAT(one-at-time)敏感性分析法。LH（拉丁超立方）抽样法是由 Mckay 等提出来的，该方法抽样频次较少，计算简单，可以高效率地进行敏感性分析，但是由于每次扰动都会引起所有参数发生变化，不能准确反映某单一参数对输出结果的影响。OAT 敏感性分析法是由 Morris 提出的，该方法采用控制变量法，对某一参数进行微小扰动，可以有效反映该参数对输出结果的影响，但需要进行烦琐的重复计算。

LH-OAT 敏感性分析法是 LH 抽样法与 OAT 敏感性分析法的结合。首先确定需要进行敏感性分析的各参数的取值范围，然后将各参数都等分为 N 层。运用 LH 抽样法，每个参数都抽取一个采样点，每个参数值都只被抽取一次，可以得到 N 组不同的参数组合。对各组参数中的每一个参数进行微小扰动，每次只改变一个参数，可以得到每个参数在不同抽样组中的局部敏感度，敏感度的最终值是各局部敏感度的平均值。该方法能够高效地计算出各参数敏感度的大小，从而为模型的调整提供参考。LH-OAT 敏感性分析法流程如图 5-12 所示。

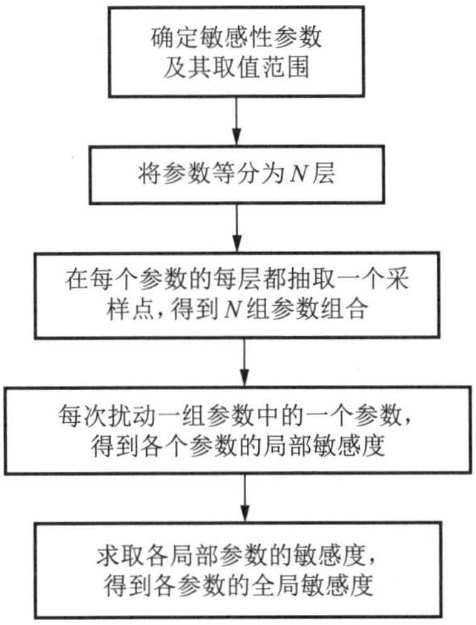

图 5-12　LH-OAT 敏感性分析法流程图

敏感度计算的基本公式为：

$$S=\sum_{j=1}^{N}\frac{\left|M(e_{(1,j)},e_{(2,j)},\cdots,e_{(i,j)(1+f_i)},\cdots,e_{(p,j)})-M(e_{(1,j)},e_{(2,j)},\cdots,e_{(i,j)},\cdots,e_{(p,j)})\right|}{Nf_iM(e_{(1,j)},e_{(2,j)},\cdots,e_{(i,j)},\cdots,e_{(p,j)})} \tag{5-1}$$

式中　$e_{(i,j)}$——模型参数；

M——目标函数；

f_i——参数 $e_{(i,j)}$ 变化产生的微小扰动；

j——抽样点；

N——分组数。

敏感等级分类标准见表 5-4，敏感度越大，敏感等级越高。

表 5-4　敏感等级分类标准

分　类	敏感度	敏感性
1	$S<0.05$	不敏感
2	$0.05\leqslant S<0.2$	一般敏感
3	$0.2\leqslant S<1.0$	敏　感
4	$S\geqslant 1.0$	极敏感

5.3.2 地质参数的敏感性

对神狐水合物藏的地质参数进行敏感性分析，研究不同的地质参数对产能的敏感度及影响，确定对产能影响较大的地质参数，为正式开采提供参考。

由于神狐水合物藏本身是混合型水合物藏，分为多个层，为了更有针对性地确定地质参数对产能的影响，避免层间干扰，本小节在之前包括三个水合物层的地质模型的基础上，去掉水合物 A 层和 C 层，只保留水合物 B 层，其余参数与三层模型相同，地质模型如图 5-13 所示。

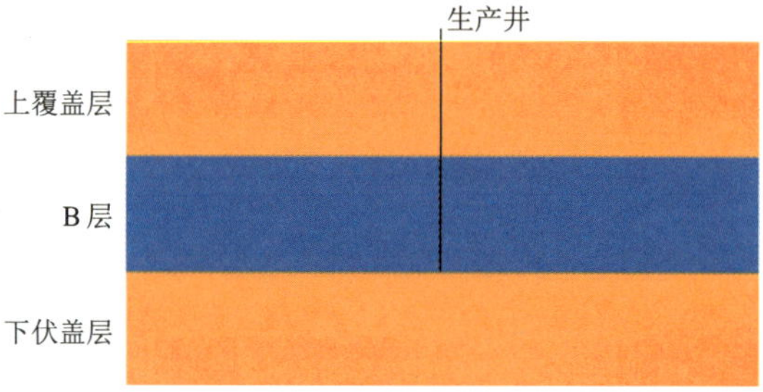

图 5-13　地质模型示意图

利用 LH-OAT 敏感性分析法对神狐水合物藏的地质参数进行敏感性分析，地质参数包括水合物饱和度、初始温度、绝对渗透率、孔隙度、导热系数、含气饱和度。按照神狐海域实际地质资料确定地质参数的取值范围，见表 5-5。分组数 N 取值为 6，扰动幅度为 1%。

表 5-5　参数取值范围

参　数	最小值	最大值
水合物饱和度	0.3	0.7
初始温度/℃	13.56	17.16
绝对渗透率/mD	1	75
孔隙度	0.3	0.57
导热系数/[W·(m·K)$^{-1}$]	1.5	2.5
含气饱和度	0.05	0.25

由 5.2.2 小节的计算结果可以看出，2 000 d 时的水合物藏分解率非常低，为了准确反映开采过程中的参数敏感度变化，将开采时间延长至 20 000 d，从而保证水合物能够分解完。目标函数设定为 10 d，500 d，2 000 d，6 000 d，20 000 d 时的累产气量。不同时刻

下的地质参数敏感度计算结果见表 5-6。

表 5-6　不同时间下的地质参数敏感度

生产时间/d	孔隙度敏感度	绝对渗透率敏感度	水合物饱和度敏感度	含气饱和度敏感度	初始温度敏感度	导热系数敏感度
10	0.001 16	0.101 25	0.086 08	0.110 8	0.159 8	0.001 02
500	0.003 05	0.083 37	0.055 25	0.089 6	0.260 7	0.001 48
2 000	0.004 24	0.072 63	0.027 89	0.087 4	0.592 0	0.003 15
6 000	0.004 55	0.052 10	0.010 78	0.110 4	0.121 8	0.001 55
20 000	0.010 19	0.000 83	0.009 71	0.008 6	0.063 8	0.000 34

地质参数敏感度平均值见表 5-7。根据敏感度平均值，地质参数的敏感度按由高到低排序为初始温度＞含气饱和度＞绝对渗透率＞水合物饱和度＞孔隙度＞导热系数。对比表 5-4 可知，初始温度是敏感参数，含气饱和度和绝对渗透率是一般敏感参数，其余为不敏感参数。从表 5-6 可以看出，10 d，500 d，2 000 d 和 6 000 d 时的敏感度排序与平均值的排序一致，20 000 d 时的敏感度排序为初始温度＞孔隙度＞水合物饱和度＞含气饱和度＞绝对渗透率＞导热系数。

表 5-7　地质参数敏感度平均值

参　数	敏感度平均值
初始温度	0.229 62
含气饱和度	0.081 36
绝对渗透率	0.062 04
水合物饱和度	0.035 94
孔隙度	0.004 64
导热系数	0.001 71

根据不同时刻的敏感度排序可以看出，初始温度决定着地层的总显热量，也直接决定着水合物的相平衡状态，因此一直是开采过程中最为敏感的地质参数。含气饱和度在 2 000 d 之前敏感度排序仅次于初始温度，后期逐渐靠后，这是因为水合物藏中的自由气会在开采前期采出，在开采后期产气量主要是由水合物分解量决定的。渗透率影响着气水的渗流能力和压力的传播速度，在开采早期和中期的影响较大，但对总的地质储量没有影响。水合物饱和度和孔隙度直接决定着地质储量，因此在开采后期影响较为明显。

下面逐一研究 6 个地质参数在不同时刻下对水合物分解的影响，从而得到不同参数在水合物开采各个阶段的敏感度及影响情况。

(1) 储层孔隙度。

储层孔隙度在不同时刻下的敏感度及其影响见表 5-8。储层孔隙度的敏感度随时间的变化如图 5-14 所示。

表 5-8 不同时刻下的储层孔隙度敏感度及其影响

生产时间/d	孔隙度敏感度	影 响
10	0.001 16	促进产气
500	0.003 05	促进产气
2 000	0.004 24	促进产气
6 000	0.004 55	促进产气
20 000	0.010 19	促进产气

从表 5-8 中可以看出，在整个开采过程中，增大孔隙度对产气都是有促进作用的，这是因为孔隙度增大后储层的地质储量就会增大，整个储层的水合物总量会变多，同一时刻分解的水合物量也会变多，导致不同时刻下的累产气量变大。

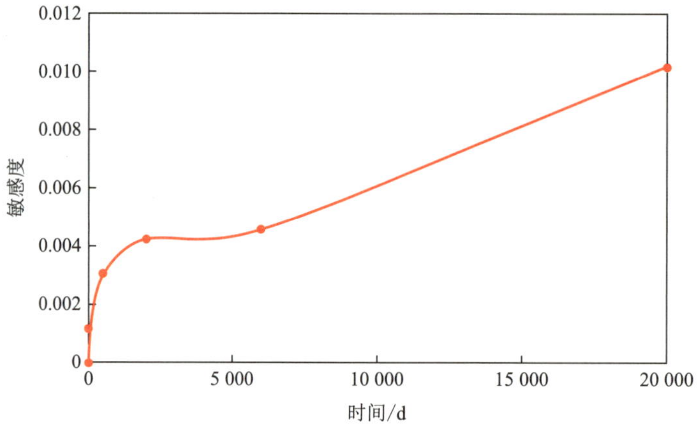

图 5-14 储层孔隙度敏感度随时间的变化曲线

从图 5-14 中可以看出，孔隙度在各个生产时间下都是不敏感参数。随着生产的进行，孔隙度敏感度逐渐升高，到生产结束时对累产气量会有较明显的促进作用。

(2) 储层绝对渗透率。

储层绝对渗透率在不同时刻下的敏感度及影响见表 5-9。储层绝对渗透率的敏感度随时间的变化如图 5-15 所示。

从表 5-9 中可以看出，在整个开采过程中，增大储层的绝对渗透率对产气都具有促进作用。这是因为绝对渗透率高时水合物藏的渗流能力好，水合物分解产生的气体容易产出，并且降压抽取地层流体时的效率也高，压降传播速度快，从而导致累产气量升高。

表 5-9　不同时刻下的储层绝对渗透率敏感度及影响

生产时间/d	敏感度	影　响
10	0.101 25	促进产气
500	0.083 37	促进产气
2 000	0.072 63	促进产气
6 000	0.052 10	促进产气
20 000	0.000 83	促进产气

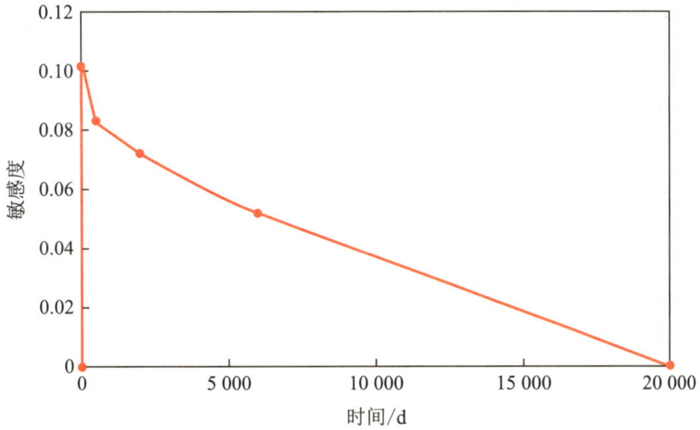

图 5-15　储层绝对渗透率的敏感度随时间的变化曲线

储层绝对渗透率在 6 000 d 以前是一般敏感参数，在 20 000 d 时是不敏感参数，总体为一般敏感参数。绝对渗透率会影响地层中压力的传播和流体的渗流能力，但是对地质储量没有影响，因此随着生产的进行，地层压力逐渐与井底压力的设定值一致，水合物藏分解完成，绝对渗透率的敏感度会逐渐降低，渗透率对生产结束的最终累产气量几乎没有影响。

(3) 储层初始温度。

储层初始温度在不同时刻下的敏感度及其影响见表 5-10。储层初始温度的敏感度随时间的变化如图 5-16 所示。

表 5-10　不同时刻下的储层初始温度敏感度及其影响

生产时间/d	初始温度敏感度	影　响
10	0.159 8	促进产气
500	0.260 7	促进产气
2 000	0.592 0	促进产气

续表

生产时间/d	初始温度敏感度	影　响
6 000	0.121 8	促进产气
20 000	0.006 38	促进产气

从表 5-10 中可以看出，在整个开采过程中，增大初始温度对产气都有促进作用。温度和压力决定着水合物的相平衡条件，直接影响水合物藏的分解能力。初始温度升高还会导致水合物藏的总显热量升高。水合物分解是吸热反应，地层显热量越高，用于水合物分解的热量就越充足，越有利于水合物分解，从而增加产气量。

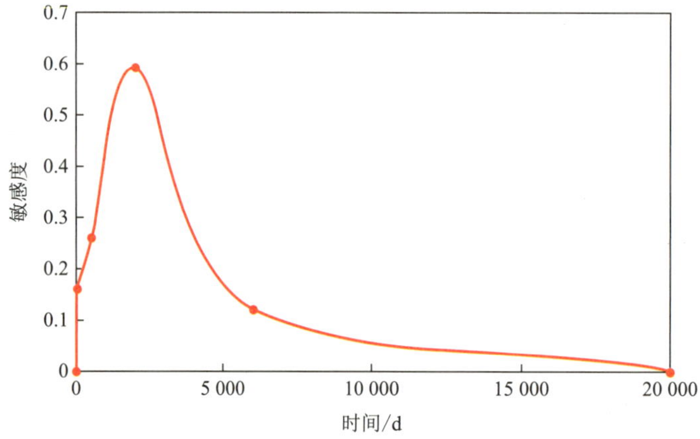

图 5-16　储层初始温度敏感度随时间的变化曲线

储层初始温度在 500 d 和 2 000 d 时是敏感参数，在 20 000 d 时是不敏感参数，在其余生产时间下是一般敏感参数，总体的敏感度较高。在整个开采过程中，初始温度敏感度先增加后降低。初始温度对水合物藏的地质储量没有影响，只会影响水合物的分解速度，水合物大量分解期对热量的需求更高，因此初始温度在水合物大量分解期对累产气量的影响更明显，而对最终产气量几乎无影响。

(4) 储层含气饱和度。

储层含气饱和度在不同时刻下的敏感度及其影响见表 5-11。储层含气饱和度的敏感度随时间的变化如图 5-17 所示。

表 5-11　不同时刻下的储层含气饱和度敏感度及其影响

生产时间/d	含气饱和度敏感度	影　响
10	0.100 8	促进产气
500	0.089 6	促进产气
2 000	0.087 4	促进产气

续表

生产时间/d	含气饱和度敏感度	影　响
6 000	0.110 4	促进产气
20 000	0.008 6	促进产气

从表 5-11 中可以看出，在整个开采过程中，增大含气饱和度对产气有促进作用。气体的流动性好于水，含气饱和度升高后，降压抽取流体的效率会更高，压降传播速度也会更快，从而提高了水合物的分解速度。含气饱和度升高还会提高水合物藏的地质储量，导致最终的累产气量增加。

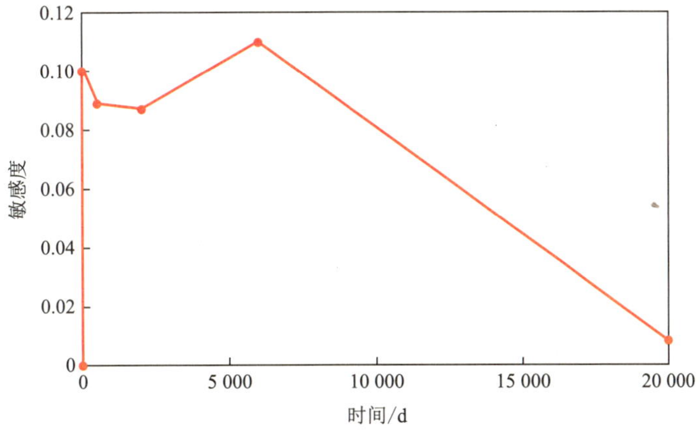

图 5-17　储层含气饱和度敏感度随时间的变化曲线

储层含气饱和度在 20 000 d 前是不敏感参数，在其余生产时间下是一般敏感参数。在开始到 6 000 d 的开采过程中，含气饱和度的敏感度波动幅度小于 20%，即基本保持不变；在生产结束时含气饱和度对累产气量的影响会减小。

（5）储层导热系数。

储层导热系数在不同时刻下的敏感度及其影响见表 5-12。储层导热系数的敏感度随时间的变化如图 5-18 所示。

表 5-12　不同时刻下的储层导热系数敏感度及其影响

生产时间/d	导热系数敏感度	影　响
10	0.001 02	促进产气
500	0.001 48	促进产气
2 000	0.003 15	促进产气
6 000	0.001 55	促进产气
20 000	0.000 34	促进产气

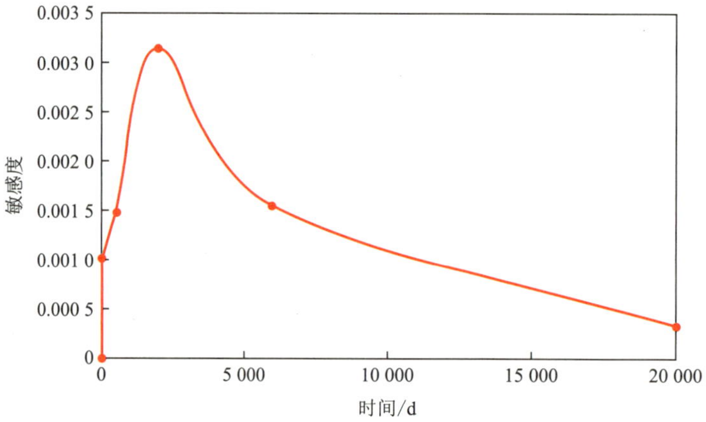

图 5-18　储层导热系数敏感度随时间的变化曲线

从表 5-12 中可以看出，在整个开采过程中，增大导热系数对产气有促进作用。水合物分解会吸收热量，导致分解区的温度降低。导热系数会影响水合物藏的热量传递速度，导热系数小时，水合物藏的热量传递慢，水合物分解区的热量不能及时从周围区域得到补充，从而导致局部的温度过低，不利于水合物的分解，因此提高导热系数可提高水合物藏的分解能力，对水合物分解产气有促进作用。

导热系数在生产的各个阶段都是不敏感参数，整体的敏感度较低。在整个开采过程中，导热系数的敏感度先增加后降低。导热系数对水合物藏的地质储量没有影响，只会影响水合物的分解速度，水合物分解量越大，对热量的需求越高，因此导热系数在水合物大量分解期对累产气量的影响更明显，但对最终产气量几乎无影响。

（6）储层水合物饱和度。

储层水合物饱和度在不同时刻下的敏感度及其影响见表 5-13。储层水合物饱和度的敏感度随时间的变化如图 5-19 所示。

表 5-13　不同时刻下的储层水合物饱和度敏感度及其影响

生产时间/d	水合物饱和度敏感度	影　响
10	0.086 08	促进产气
500	0.055 25	抑制产气
2 000	0.027 89	抑制产气
6 000	0.010 78	促进产气
20 000	0.009 71	促进产气

从表 5-13 中可以看出，在开采早期和后期，增大水合物饱和度对产气都有促进作用；在开采中期水合物大量分解，增大水合物饱和度对产气有抑制作用。初始水合物饱和度升高会导致含水饱和度降低，初始含气饱和度维持不变。由于水合物的比热容低于水，水

合物饱和度升高时，地层中的总显热量降低，同时储层的有效渗透率降低，对产气有抑制作用。但是水合物饱和度升高会导致地质储量、水合物分解量升高，从而导致产气量提高。因此，在不同的生产阶段，水合物饱和度对产气会有不同的影响。在水合物大量分解时期(500 d 和 2 000 d)，水合物大量分解对热量和渗透率的需求高，因此水合物饱和度升高对产气有抑制作用。在开采早期和后期，水合物分解量小，热量补充及时，地质储量对产气的影响更为明显，该阶段提高水合物饱和度对产气表现为促进作用。

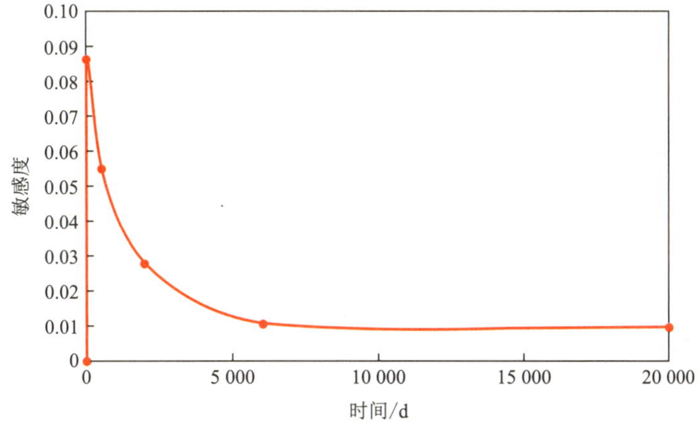

图 5-19　储层水合物饱和度敏感度随时间的变化曲线

水合物饱和度在开采早期(10 d 和 500 d)是一般敏感参数，在其余生产时间下都是不敏感参数，即水合物饱和度对开采早期的产气过程影响最大。随着生产的进行，水合物饱和度的敏感度先降低后基本不变。

5.3.3　生产参数的敏感性

不同生产参数的选择也会对产能产生影响。在神狐水合物藏长期开采产能预测模型(即包含 A，B 及 C 3 层水合物藏模型)的基础上，研究了不同的降压幅度、降压速度和射孔位置对降压开采产能的影响，为神狐水合物藏优化生产参数提供参考。

1) 降压幅度和降压速度

降压开采的驱动力来自储层和生产井的压力差，即生产压力对开采效果有着重要的影响。下面研究开采过程中的降压幅度和降压速度对产能的影响。

(1) 敏感性分析。

通过 LH-OAT 敏感性分析法对神狐水合物藏的降压幅度和降压速度进行敏感性分析，其中降压幅度通过生产压力确定，降压速度通过降低到指定压力所需的时间来控制。井底压力的取值范围为 1～6 MPa，降压速度的取值范围为 0.1～5 MPa/d，分组数 N 取值为 6，扰动幅度为 1%。

不同时刻下降压幅度和降压速度的敏感度见表 5-14。

表 5-14 不同时刻下降压幅度和降压速度的敏感度

生产时间/d	降压幅度的敏感度	降压速度的敏感度
10	0.027 5	0.022 50
500	0.028	0.020 70
2 000	0.026 0	0.016 30
6 000	0.025 7	0.010 50
20 000	0.026 4	0.000 41
平均值	0.026 78	0.014 00

根据敏感度平均值可以看出，降压幅度的敏感度高于降压速度的，但是二者的敏感度都较低，属于不敏感参数。因为神狐水合物藏的渗透率低，压力不能有效传播，所以降压幅度和降压速度对产量的影响都较小。

在开采的不同时间，降压幅度的敏感度基本保持稳定。降压幅度会影响水合物分解完成后产出的自由气量，因此到生产结束，降压幅度的敏感度基本不变。最终的生产压力不受降压速度的影响，降压速度只对开采的产气过程有影响，并且随着开采的进行，降压速度的敏感度逐步降低，到开采结束，降压速度对最终的累产气量基本没有影响。

(2) 对比研究。

① 降压幅度。

a. 降压幅度对产气量的影响。

降压幅度是由开采井的生产压力决定的，降压幅度越大，开采井的生产压力越低。下面通过设定不同的生产压力来研究降压幅度对产能的影响。

在长期开采产能预测模型的基础上，将井底生产压力(p_{wb})分别设定为 1 MPa，2 MPa，3 MPa 和 4 MPa。不同生产压力下长期生产的产气速度和累产气量随时间的变化如图 5-20 和图 5-21 所示。

从长期生产过程可以看出，不同的生产压力对于累产气量影响不大。由于生产压力越低，水合物分解的驱动力越大，因此适当地降低生产压力有利于水合物分解，提高产气量。生产压力为 2 MPa 和 3 MPa 时的累产气量都高于 4 MPa 时的。但是由于开采过程中存在二次生成水合物的现象，生产压力越低，二次生成水合物就会越多，反而会抑制压力的传播和流体的产出，对水合物开采产生不利的影响。因此，当生产压力低于 3 MPa 后，累产气量不再上升，反而随着生产压力的下降而逐渐下降，即井底压力为 3 MPa 时的累产气量最高。

开采结束时不同生产压力下的水合物藏分解率如图 5-22 所示。从图 5-22 中也可以看出，不同生产压力下水合物藏分解率都不足 2%，说明生产压力对神狐水合物藏的产能

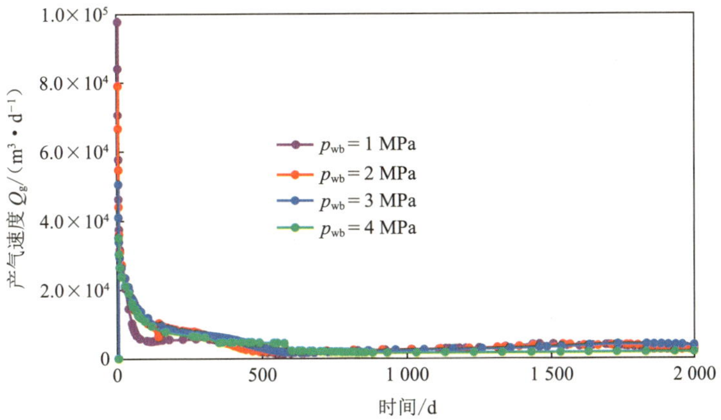

图 5-20　生产压力对产气速度的影响

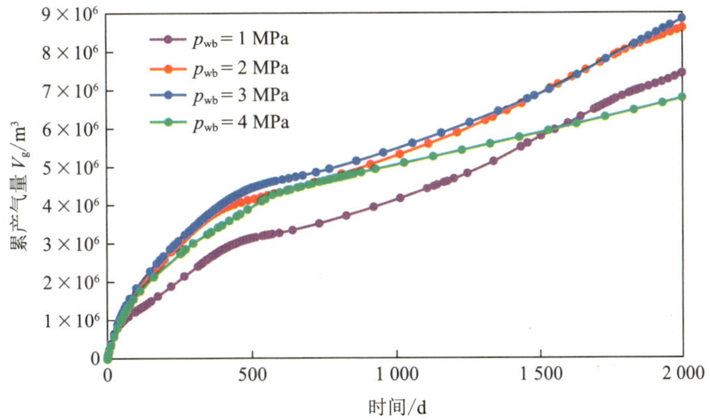

图 5-21　生产压力对累产气量的影响

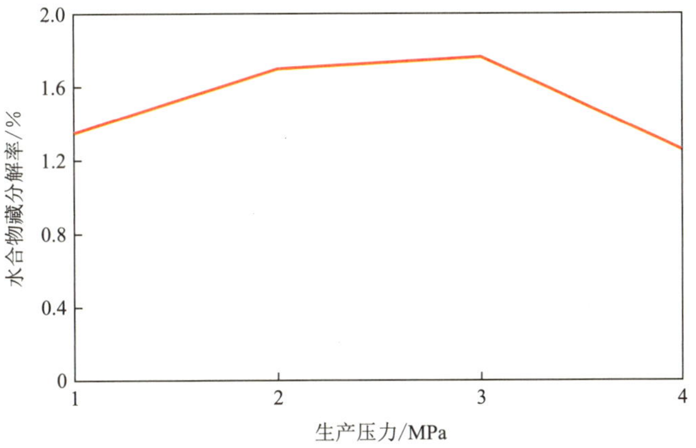

图 5-22　不同生产压力下的水合物藏分解率

影响不大,优化生产压力对产能的提升作用有限。当井底生产压力为 3 MPa 时水合物藏分解率最高,开采效果最好。

b. 降压幅度对水合物二次生成的影响。

对比研究生产压力为 3 MPa 和 1 MPa 时水合物饱和度、压力在开采过程中的动态变化。

当生产压力为 3 MPa 和 1 MPa 时，开采过程中开采层平面上的水合物饱和度变化横剖面如图 5-23 和图 5-24 所示。

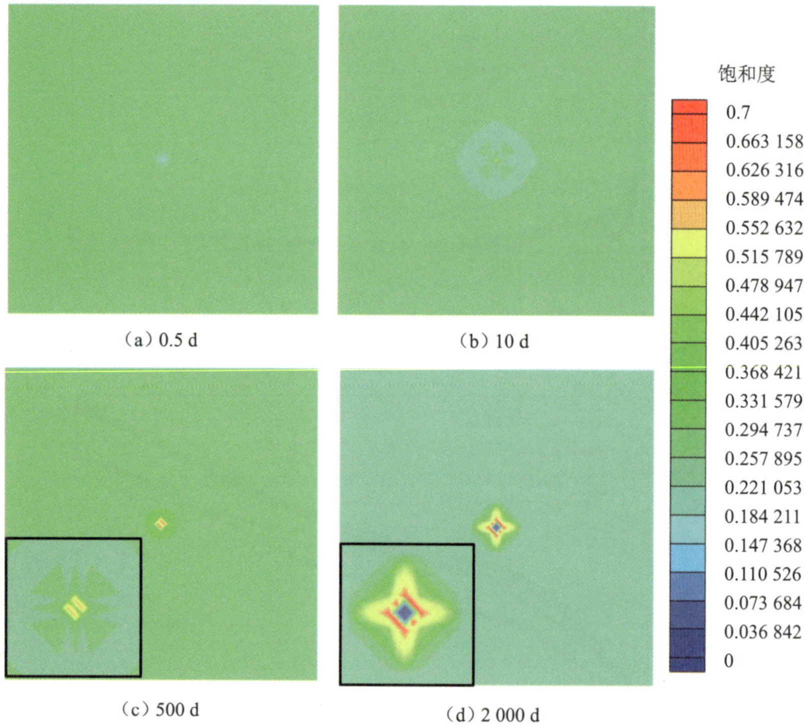

图 5-23　生产压力为 3 MPa 时水合物饱和度变化横剖面图

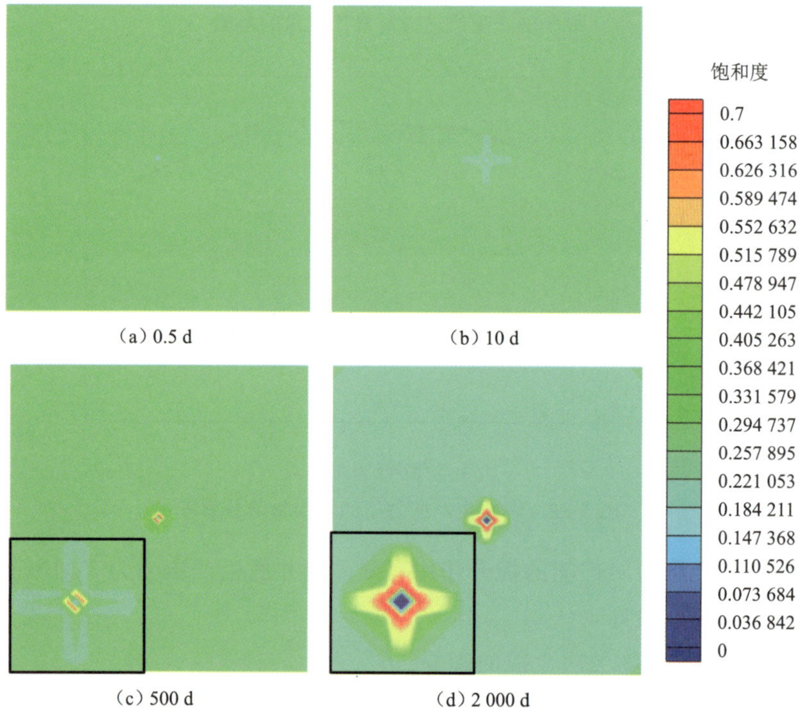

图 5-24　生产压力为 1 MPa 时水合物饱和度变化横剖面图

图 5-23 和图 5-24 中局部放大的部分为开采井 100 m×100 m 处的水合物饱和度。从图 5-23 和图 5-24 中可以看出，500 d 和 2 000 d 时开采井附近的水合物饱和度明显升高，水合物二次生成的半径约为 30 m。对比生产压力为 1 MPa 和 3 MPa 时的水合物饱和度可以看出，生产压力为 1 MPa 时水合物二次生成更为严重，开采井附近的水合物饱和度最高可以达到 0.7，严重阻碍了水合物的分解和压力的传播。

当生产压力为 3 MPa 和 1 MPa 时，开采过程中开采层平面上的压力变化横剖面如图 5-25 和图 5-26 所示。

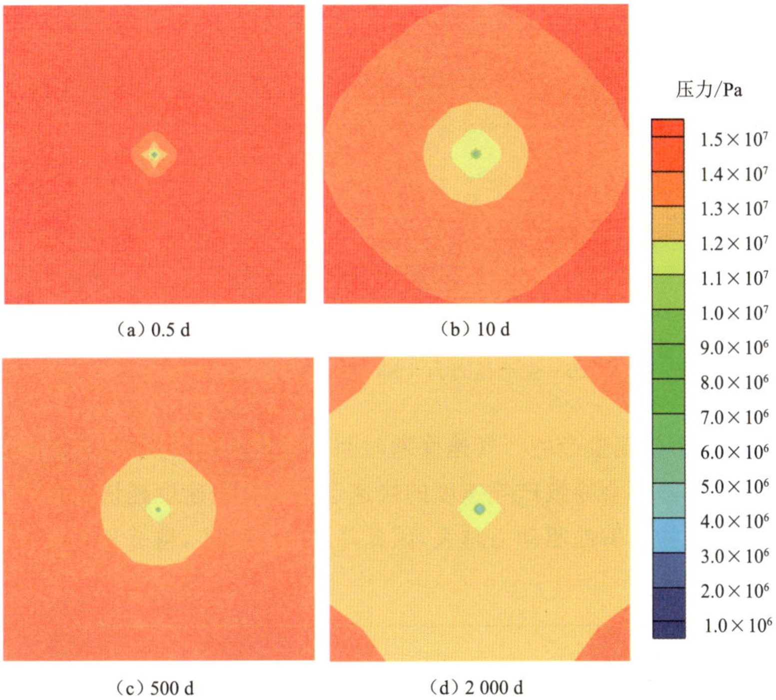

图 5-25　生产压力为 3 MPa 时开采层平面上的压力分布横剖面图

对比生产压力 1 MPa 和 3 MPa 下开采层平面上的压力变化可以看出，同一时刻下井底生产压力为 1 MPa 时的压力传播速度比 3 MPa 时慢，这是由于 1 MPa 时开采井附近的水合物二次生成情况更为严重（图 5-23 和图 5-24），导致地层的有效孔隙度降低，从而降低了地层的渗透率，阻碍了流体的流动。降压开采通过抽取地层流体来降低地层压力，从而实现水合物的分解，因此虽然 1 MPa 时的生产压力更低，但是压力的传播速度慢，降压效率低，储层的整体压力高于 3 MPa，水合物的分解量少，导致 1 MPa 时的累产气量低于 3 MPa 时的。

② 降压速度。

通过改变降压时间控制降压速度，最终井底生产压力降低到 3 MPa，降压速度分别为 12 MPa/d，1 MPa/d，0.12 MPa/d，0.024 MPa/d。下面研究降压速度对产能的影响。

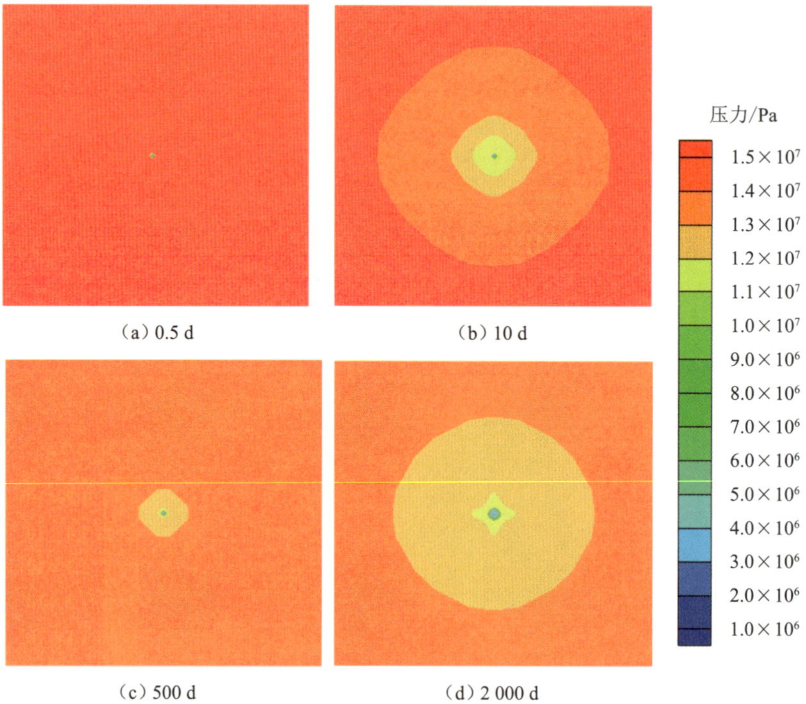

图 5-26 生产压力为 1 MPa 时压力分布横剖面图

不同降压速度下长期生产的产气速度随时间的变化如图 5-27 所示。从图 5-27 中可以看出，每次压力下降都会导致产气速度的快速上升。降压速度越快，同一时间下的井底生产压力越低，水合物分解的驱动力越大，因此降压速度越快，越有利于水合物分解。

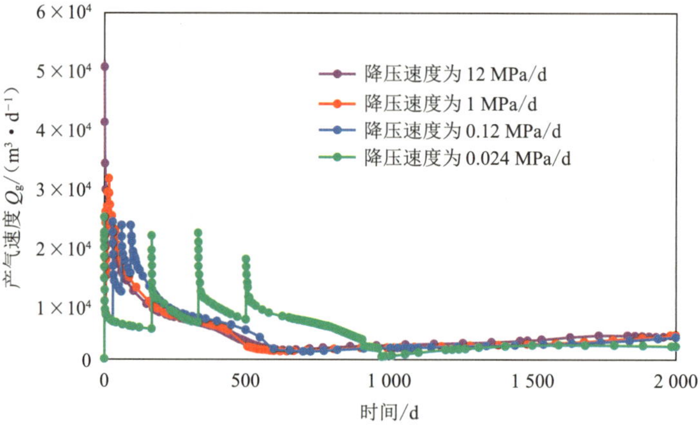

图 5-27 不同降压速度下长期生产的产气速度随时间的变化曲线

不同降压速度下长期生产的累产气量随时间的变化如图 5-28 所示。从图 5-28 中可以看出，降压速度越快，生产 2 000 d 时的累产气量越高。但是由于降压速度对最终累产气量的影响很小，调整降压幅度对提高产能的效果有限。因此，建议开采过程中采用尽可能快的降压速度。

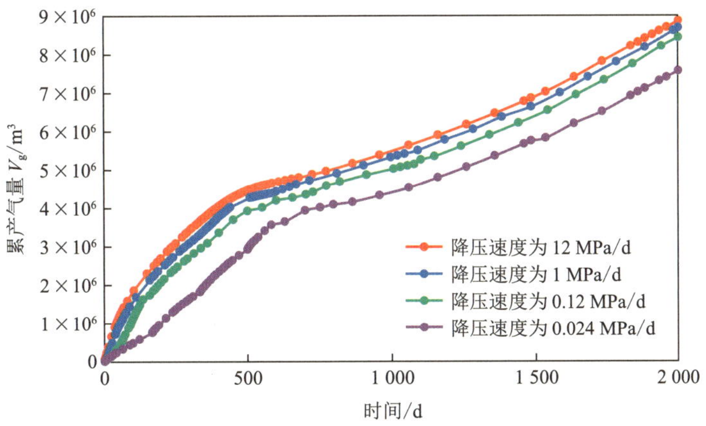

图 5-28　不同降压速度下长期生产的累产气量随时间的变化曲线

2）射孔位置

神狐水合物藏有 3 层水合物层，不同的射孔位置会影响水合物藏的开采效果。下面研究射孔位置对产能的影响，以选择最为合适的射孔方式。

（1）单层射孔。

对单层射孔时不同射孔位置下的产能进行对比研究，分别在水合物 A 层、B 层、C 层进行射孔，生产压力设定为 3 MPa。不同射孔位置下的产气速度和累产气量如图 5-29 和图 5-30 所示。

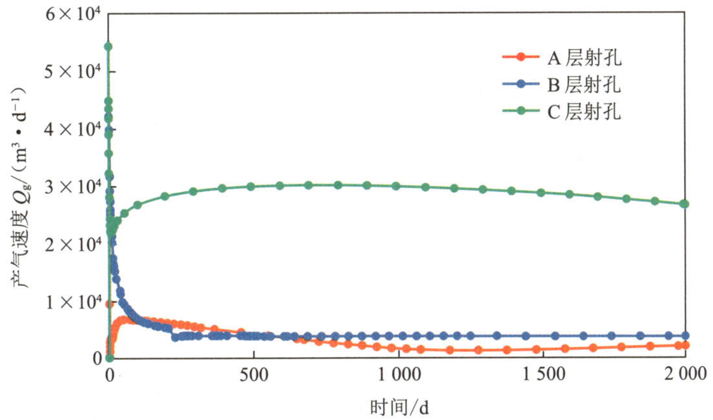

图 5-29　不同射孔位置下的产气速度随时间的变化曲线

从图 5-29 和图 5-30 中可以看出，在 A 层和 B 层的射孔效果都不理想，B 层由于存在自由气，产量略高于 A 层，在 C 层(即下伏气层)射孔开采效果最好。在 C 层射孔 2 000 d 时的累产气量为 B 层的 6.8 倍、A 层的 10.8 倍，产能提升效果非常明显。这是因为 C 层的绝对渗透率高于 A 层和 B 层，并且 C 层为气水层，降压开采的压力传播速度快，更有利

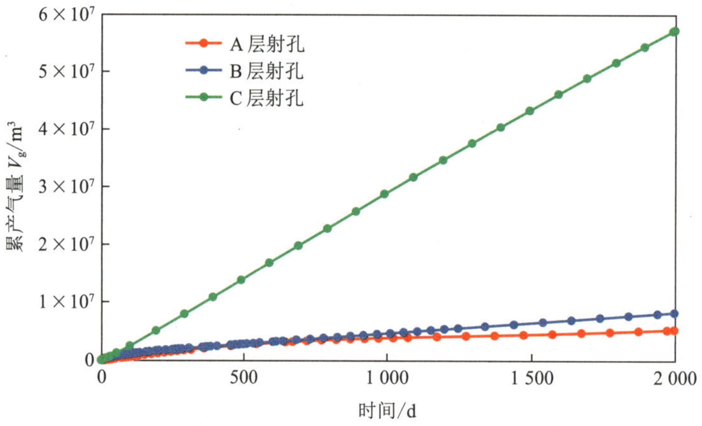

图 5-30 不同射孔位置下的累产气量随时间的变化曲线

于水合物的分解。这与之前对水合物藏的大量模拟结果相同，即通过开采下伏气层或水层可以显著提高水合物藏的产气量。

（2）双层射孔。

对双层射孔时不同射孔位置下的产能进行对比研究，分别在水合物 A+B 层、B+C 层、A+C 层进行射孔，生产压力设定为 3 MPa。不同射孔位置下的产气速度和累产气量如图 5-31 和图 5-32 所示。

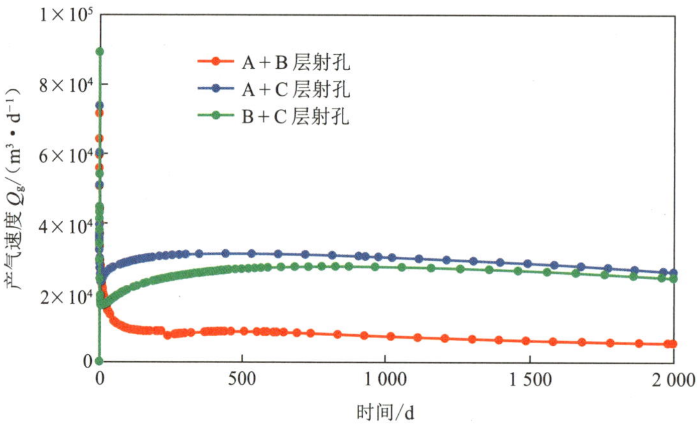

图 5-31 不同射孔位置下的产气速度随时间的变化曲线

从图 5-31 和图 5-32 中可以看出，射孔层包括 C 层（即在 A+C 层和 B+C 层射孔）时的开采效果远好于 A+B 层射孔时，而 A+C 层的产气量又略高于 B+C 层，因此在 A+C 层射孔的开采效果最好。由于 A 层距离 C 层较远且水合物量多，在 B+C 层射孔会导致 A 层的水合物分解慢，同时开采 A+C 层可以更好地发挥降压开采的效果，提高水合物分解产气量。A+B 层射孔的开采效果最差，因此开采神狐水合物藏时不建议只射开 A+B 层。

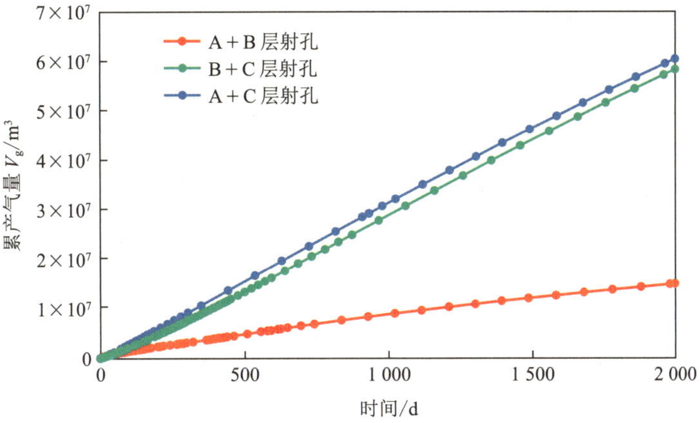

图 5-32　不同射孔位置下的累产气随时间的变化

(3) 全部射孔和单层射孔、双层射孔开采对比。

对比研究全部射孔时的开采效果和单层射孔、双层射孔时的最优情况，分别在水合物 C 层、A+C 层和全部层进行射孔，生产压力设定为 3 MPa。3 种射孔位置下的产气速度和累产气量如图 5-33 和图 5-34 所示。

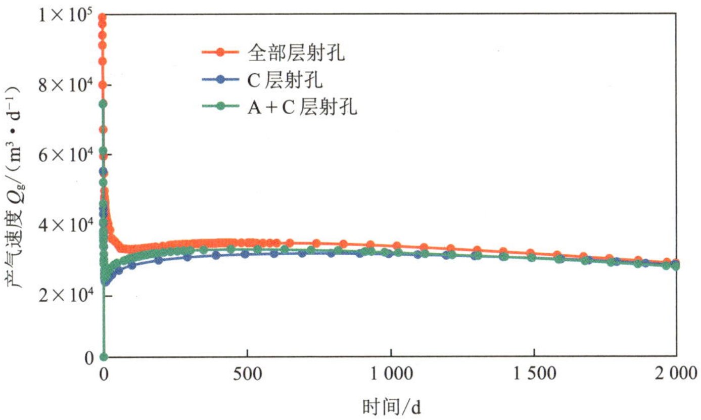

图 5-33　不同射孔位置下的产气速度随时间的变化曲线

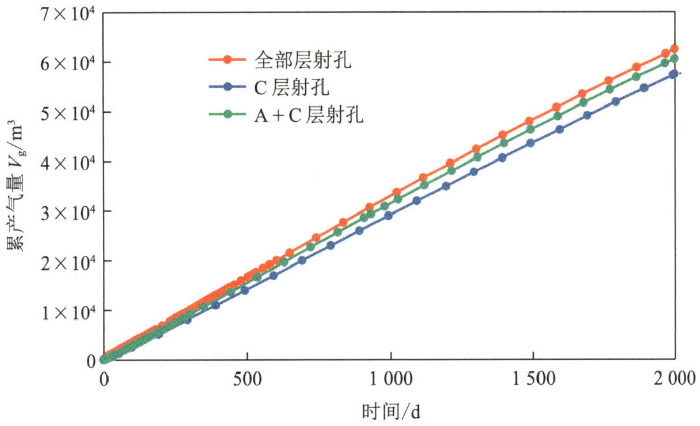

图 5-34　不同射孔位置下的累产气量随时间的变化曲线

从图 5-33 和图 5-34 中可以看出，全部层射孔开采过程中的日均产气量可以达到 31 500 m^3/d，是 B 层射孔的数倍，因此优化射孔位置、选择合理的开采层位对产能提升的效果非常明显。只要射孔层包括 C 层，不同射孔位置组合下的开采效果就相差很小，全部层射孔的开采效果最好，A+C 层射孔的开采效果次之，单独 C 层射孔的开采效果略低于前两者，但随着射孔数量的增多，对施工成本和施工工艺的要求也会提高。总之，在开采神狐水合物藏时，全部层射孔、A+C 层射孔和单独 C 层射孔都是很好的选择。

5.4 本章小结

本章根据南海神狐水合物藏实际资料建立水合物藏模型，通过拟合 2017 年试采结果对模型进行了校正，在短期开采的基础上对神狐水合物藏长期开采产能进行了预测，对长期开采的温度、压力、水合物饱和度变化进行了动态分析，并研究了地质参数和生产参数对产能的影响。通过 LH-OAT 敏感性分析法对神狐水合物藏的地质参数（包括初始温度、水合物饱和度、孔隙度、绝对渗透率、含气饱和度、导热系数）进行了敏感性分析，并对比了不同生产压力和射孔位置下的神狐水合物藏产能。

本章得到的结论如下：

（1）长期开采的产气速度很低，为 3 400 m^3/d，远低于商业开采要求。开采井附近会有二次生成水合物，局部的水合物饱和度达到 0.5，阻碍流体流动，导致降压效率较低。开采过程中温度降低幅度较低，到 2 000 d 时储层整体温度高于 13 ℃，储层热量充足。

（2）根据最终的全局敏感度，地质参数的敏感度从高到低排序为初始温度＞含气饱和度＞绝对渗透率＞水合物饱和度＞孔隙度＞导热系数。初始温度是敏感参数，含气饱和度和绝对渗透率是一般敏感参数，其余参数为不敏感参数。

（3）孔隙度、水合物饱和度、含气饱和度会影响地质储量，因此都会对生产结束时的累产气量产生影响。绝对渗透率、导热系数、初始温度只会对开采过程中的产气速度产生影响，对最终的累产气量几乎没有影响。

（4）水合物分解会吸热，尤其是在水合物大量分解阶段，热量对水合物分解产气速度的影响更为明显，因此在 2 000 d 时，初始温度和导热系数的敏感度都会升高。由于水合物饱和度增大会导致地层的显热量降低，在水合物大量分解期，提高水合物饱和度会抑制产气过程。

（5）对于神狐水合物藏，当以 B 层作为开采层时，由于气、水、水合物共存，井底压力过低，导致开采井附近的水合物二次生成严重，阻碍压力的传播，从而不利于水合物藏的开采。不同生产压力下的水合物藏分解率都低于 2%，优化生产压力对产能的提升幅度很小。井底压力设定为 3 MPa 时开采效果较好。降压速度越快，越有利于水合物分解，因此建议开采过程中采用尽可能快的降压速度。

（6）不同射孔位置下的产能差别很大，C 层由于渗透率高且是气水层，因此射孔层包括 C 层的设计开采效果较好。选择单层进行开采时建议在 C 层射孔；选择双层开采时建议在 A+C 层射孔；全部层都进行射孔时的开采效果最好，开采过程中的日均产气量可以到达 31 500 m^3/d。

第 6 章
神狐水合物藏增产措施研究

参考常规油气藏的开采做法，水合物藏增产措施主要有水平井开采、水力压裂和注热等。Feng Yongchang 等通过数值模拟研究认为，压裂可以有效提高天然气产量，但压裂的效果主要体现在开采前期；裂缝边界区会有二次生成水合物。Chen Chen 等研究了水力压裂对于降压法开采水合物藏的增产效果，结果发现，压裂后水合物藏的产气速度和累产气量都得到明显提高。Yu Tao 等使用 pT＋H 软件模拟了双水平井模式下降压和注热组合开采日本 Nankai 海槽水合物藏的效果，结果表明，降压和注热相结合的方法更有利于水合物的分解。冯景春等通过实验研究了双水平井降压联合注热开采水合物的效果，结果表明，双水平井降压联合注热开采的能效比高于直井开采，使用双水平井进行降压注热联合开采可以有效地分解水合物。Yang Shengwen 等使用 HydarteResSim 代码建立了神狐水合物藏模型，通过水平井模拟了 3 类水合物藏的天然气水合物生产，结果表明，3 类水合物藏使用水平井进行较大幅度的降压和注热可以达到工业生产的要求。F. Esmaeilzadeh 等对一维模型进行降压和注热数值模拟研究，研究了传热、孔隙度、状态方程以及注热的影响，结果表明，当气藏位于水合物藏下方时，水合物藏的产气性能会明显提高。Jiang Guosheng 等利用 Tough＋Hydrate 软件模拟了降压联合注热开采的效果，结果表明，影响开采的主要因素是储层内压力传播的速率，而不是热传递，降压在水合物分解中起着更重要的作用，而且天然气产量更多地依赖于水合物藏的孔隙度、渗透率和孔隙压力等地质参数。S. Falser 等通过实验研究了降压开采和降压联合井壁加热开采的产气效果，所有实验结果均通过数值模拟进行了重复，结果表明，在相同的井底压力下加热，水合物的产气量在模拟和实验中平均可提高 1.8 倍；当仅降压而不加热时，地层热量会迅速消耗殆尽。阮徐可等通过数值模拟对 S. Falser 的实验进行了拟合，对降压联合井壁加热开采的效果进行了研究，模拟结果表明，降压联合井壁加热开采的产气效果比单独降压好，但由于传热效率有限，井壁加热只在开采井附近区域有作用，对产气量的提升幅度有限。胡立堂等根据神狐 SH2 站位的地质资料建立了水合物藏水平井开采模型，利用 pT＋H 软件对注热开采和降压＋注热开采的产能进行了研究，结果表明，降压＋注热开采法比单纯注热法开采效果好，但提高注热水温度不能明显提高累产气量。Jin Guangrong 等通过数值模拟研究了水平井降压联合注热开采神狐水合物藏的产气效果，结果表明，由于热水的注入可以提升地层温度，降压联合注热开采可以显著提高采收率。

本章利用 T+H 水合物藏数值模拟软件，在神狐海域天然气水合物藏降压开采的产气量模拟计算基础上，对水平井、压裂、注热及井壁加热等各种增产措施的产气量进行了预测，可为今后神狐水合物藏的开采提供指导。

6.1　水平井开采数值模拟

水平井在油藏的开采中已经得到了普遍的应用，相比直井具有更好的生产效果，将水平井应用于水合物藏的开采中，其效果是值得期待的。本节在神狐水合物藏模型的基础上，通过分析水平井开采的动态，优化水平井的布置层位和长度，研究神狐水合物藏水平井的增产效果。

6.1.1　开采动态分析

在水合物 B 层布置水平井，水平井位于水合物层中间位置，水平段长度为 250 m（占模型长度的 1/2）。生产井井底压力设置为定值 3 MPa。模型基础参数详见表 3-1 和表 3-2，模拟生产时间为 2 000 d。

1）产气动态分析

以 B 层作为开采层时，直井和水平井开采过程中的产气速度和累产气量随时间的变化如图 6-1 所示。

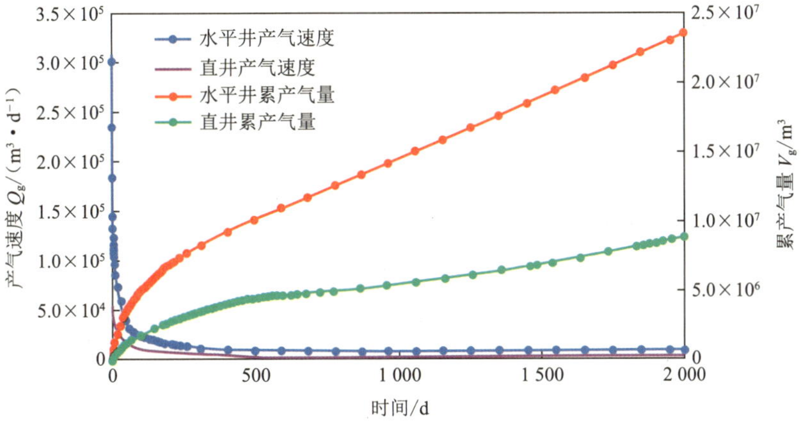

图 6-1　水平井开采的产气速度和累产气量

从图 6-1 中的产气速度变化曲线可以看出，在 0～150 d，由于水合物 B 层初始存在自由气，产出气以自由气为主，之后随着自由气逐渐减少，产气速度迅速下降。随着储层中自由气和自由水的产出，储层压力逐渐降低，水合物开始分解，产出的气体包括自由气和水合物分解产生的气体两部分。150 d 以后，随着水合物分解量的增多，水合物分解的产气量增多,产气速度的下降速度变慢。随着压力的不断降低,水合物分解范围不断扩大,产气量增多,产气速度开始缓慢回升,然后保持在 9 000 m^3/d 左右,高于直井开采水合物 B 层的 2 000 m^3/d。

从图 6-1 中的累产气量变化曲线可以看出,开采早期累产气量上升较快,后期上升速度变缓,开采 2 000 d 时的累产气量为 2.36×10^7 m^3,在开采过程中的日均产气量为 11 800 m^3/d,约是直井开采水合物 B 层的 3 倍,但是距离实现商业开采还有较大差距。

2) 水合物饱和度变化分析

图 6-2 是水平井进行降压开采 0.5 d,10 d,500 d,1 000 d,1 500 d 和 2 000 d 时的水合物饱和度横剖面图。水合物在平面上从开采井开始分解,相比于直井开采,水平井降压效率高,储层中的流体可以及时产出,开采井附近的压力没有升高(图 6-3),因此开采井附近没有出现二次生成水合物的情况,提高了水合物分解量。开采井附近区域的水合物基本完全分解,距离开采井较远区域的水合物饱和度下降约 0.05。

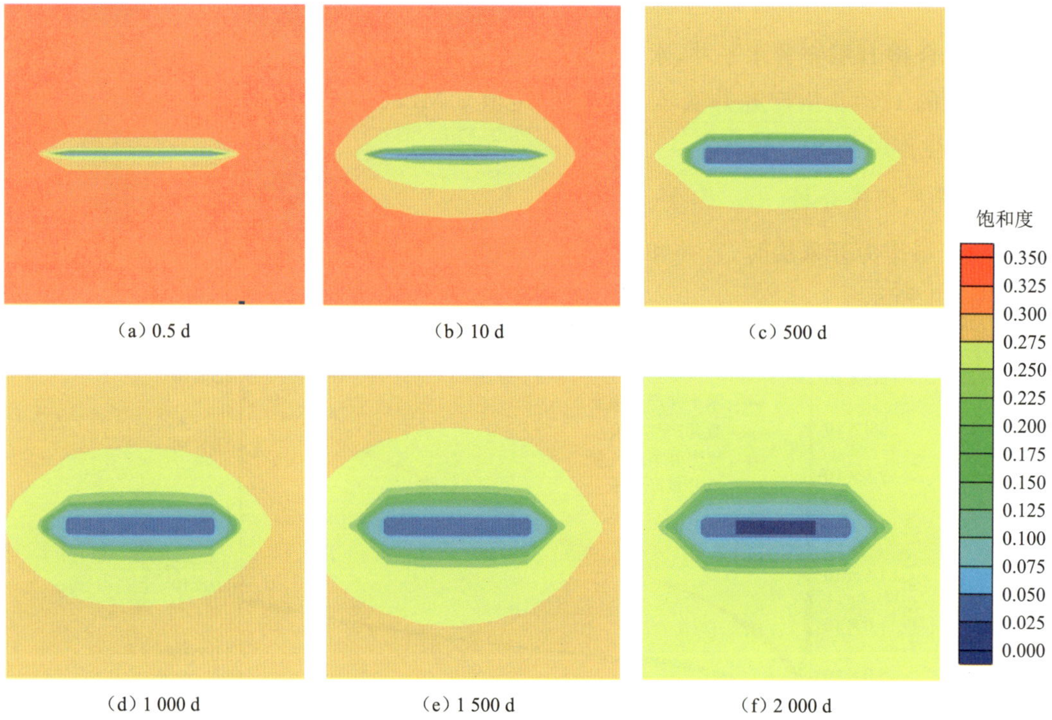

图 6-2 不同时刻下的水合物饱和度横剖面图

3) 压力变化分析

图 6-3 是水平井降压开采 0.5 d,10 d,500 d,1 000 d,1 500 d 和 2 000 d 时生产层的压力变化横剖面图。从图 6-3 可以看出,压力在横剖面上是以开采井为中心,呈椭圆形向四周扩散。开采井处的压力一直保持较低值,其余地区的压力降低较为缓慢。由于水平井降压的效果比直井好,开采井附近区域的压力没有出现升高的现象。到开采结束时,距

离开采井较远区域的压力为 12 MPa，开采井附近区域的压力约为 6 MPa，水平井压力下降速度快于直井。

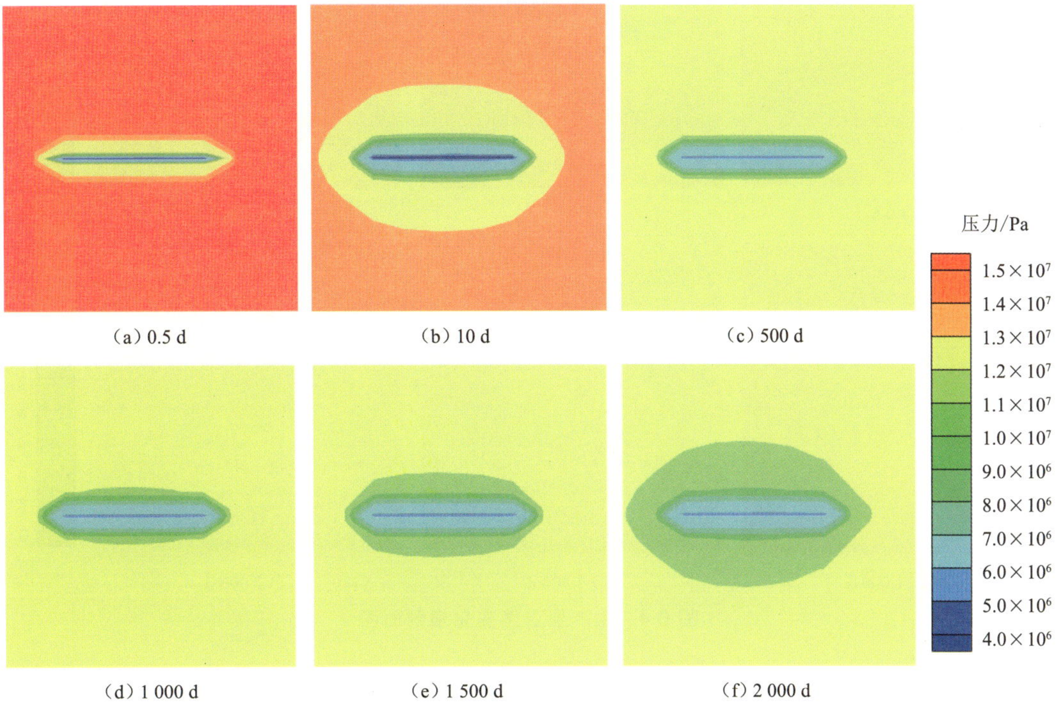

图 6-3　生产层压力变化横剖面图

4）温度变化分析

图 6-4 是进行降压开采 0.5 d，10 d，500 d，1 000 d，1 500 d 和 2 000 d 时生产层的温度变化横剖面图。在开采早期，开采井附近的水合物最先分解，温度下降幅度最大，最低温度达到 2 ℃。随着开采井附近的水合物都分解完成，周围的热量逐渐传递过来，开采井附近区域的温度逐渐回升，整个储层温度趋于一致。到 2 000 d 时储层整体温度高于 12 ℃，说明储层热量充足。

6.1.2　水平井位置优化

神狐水合物藏有 3 层水合物层，水平井布置在不同层位会有不同的开采效果。对水平井布置位置进行优化，选择最为合适的开采层位。

分别在水合物 A 层、B 层和 C 层的中间位置布置 1 口水平井，井长为 250 m，生产压力设定为 3 MPa。不同水平井位置下的产气速度和累产气量如图 6-5 和图 6-6 所示。

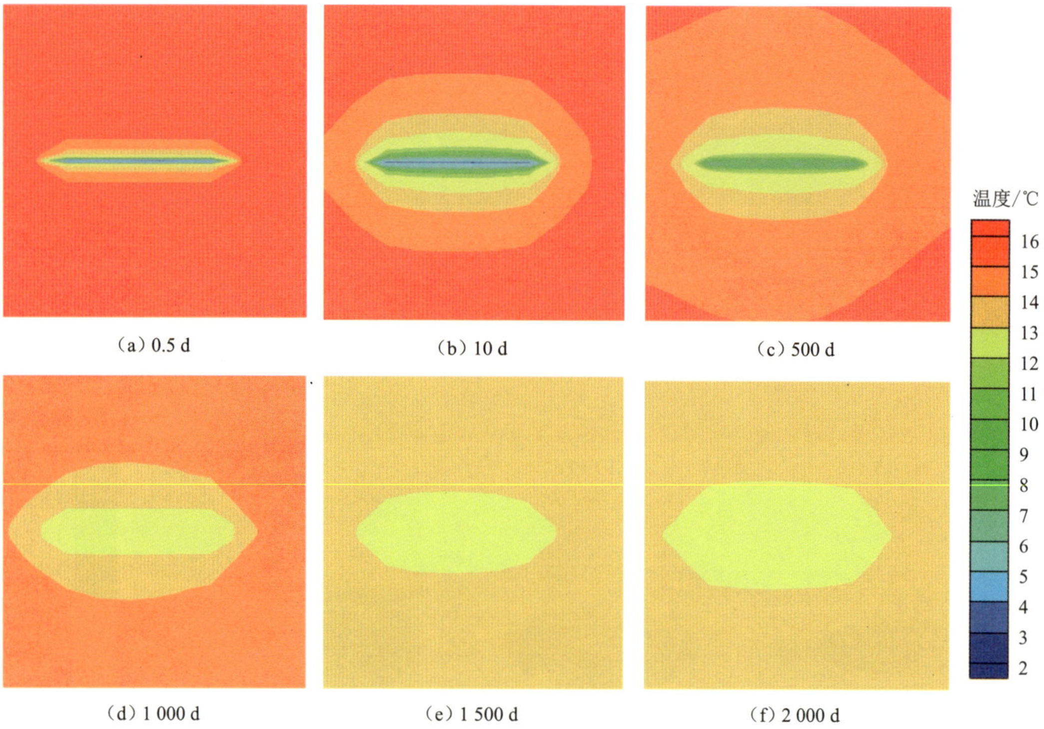

图 6-4 生产层温度变化横剖面图

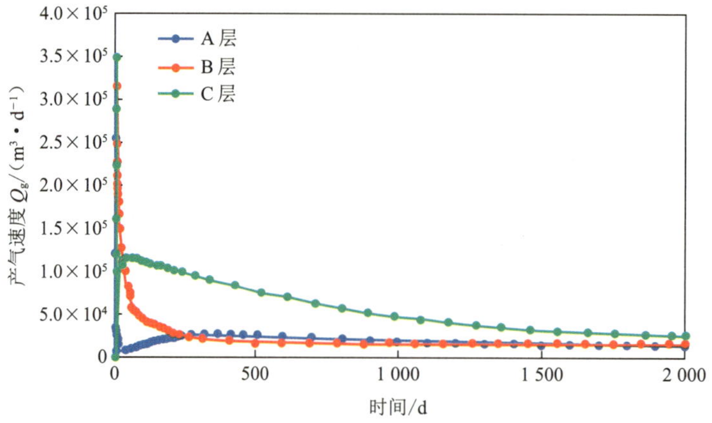

图 6-5 不同水平井开采层位下的产气速度

从图 6-5 和图 6-6 可以看出，与直井开采不同射孔层位的产气结果类似，A 层和 B 层的产气量都远小于 C 层，B 层的产气量又略高于 A 层。在 C 层射孔 2 000 d 时的累产气量为 B 层的 2.5 倍，为 A 层的 3 倍，这是因为 C 层的绝对渗透率高于 A 层和 B 层，并且 C 层为气水层，降压开采时压降传播速度快，更有利于水合物的分解。

因此，采用水平井开采神狐水合物藏时建议将水平井布置在 C 层。

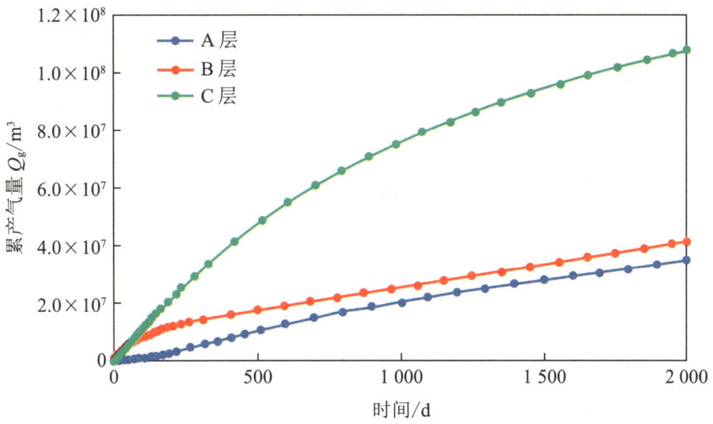

图 6-6　不同水平井开采层位下的累产气量

6.1.3　水平井长度优化

经过单水平井层位优化可知，在 C 层布置水平井的开采效果最好，因此将水平井布置在 C 层。生产压力设定为 3 MPa，水平井长度分别设定为 200 m，300 m，400 m，500 m，对不同长度水平井的开采效果进行研究。

图 6-7 和图 6-8 分别是不同长度水平井的产气速度和累产气量随时间的变化曲线。

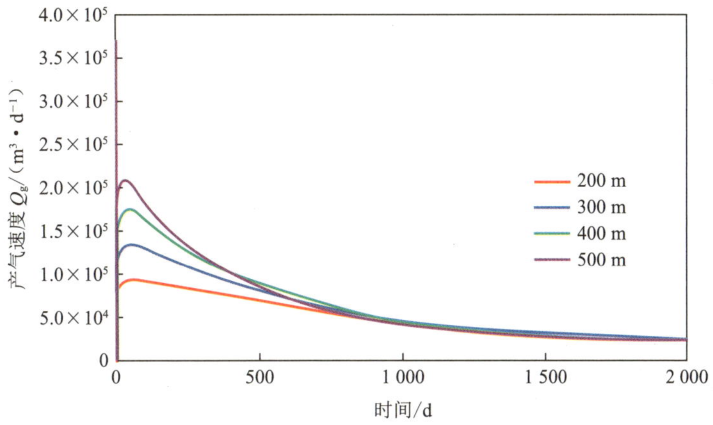

图 6-7　不同长度水平井的产气速度

从图 6-7 可以看出，水平井长度越长，生产早期产气速度越快，但在生产 1 000 d 以后，不同长度的水平井产气速度非常接近。这是因为水平井长度越长，与水合物层接触的面积越大，在进行降压生产时，初始水合物分解量越大，因此初期产气速度越高。同时水合物分解导致其附近区域的渗透能力增加，也有利于产气速度的提升。另外，水平井长度越长，产气速度后期下降得越快，因此后期的产气能力反而越小。

从图 6-8 可以看出，水平井越长，累产气量越多，但水平井长度超过 400 m 后再提高 100 m，产量仅提高 3%，因此建议水平井长度为 400 m。

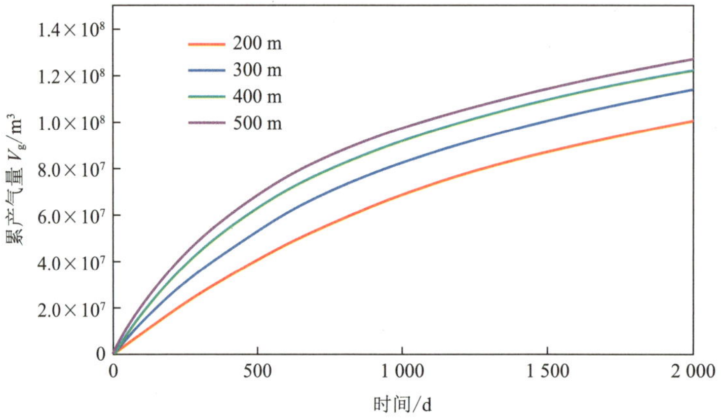

图 6-8 不同长度水平井的累产气量

地层穿透比 l 是指水平井长度与水平井延伸方向上水合物藏长度的比值，公式为：

$$l=\frac{l_w}{l_h} \tag{6-1}$$

式中 l_w——水平井长度，m；

l_h——水平井延伸方向上水合物藏的长度，m。

对于同一水合物藏来说，不同的地层穿透比表示不同的水平井长度。神狐水合物藏模型的水合物藏长度为 500 m，水平井长度为 400 m，地层穿透比即 0.8。

6.1.4 双水平井开采层位优化

经过单水平井层位优化可知，在 C 层布置水平井的开采效果最好。根据水平井的长度优化结果可知，水平井长度为 400 m 时开采效果较好。因此，将双水平井分别布置在水合物藏的 A+C 层和 B+C 层，水平井长度为 400 m，生产压力设定为 3 MPa。图 6-9 和图 6-10 分别是双水平井不同开采层位下的产气速度和累产气量随时间的变化曲线。

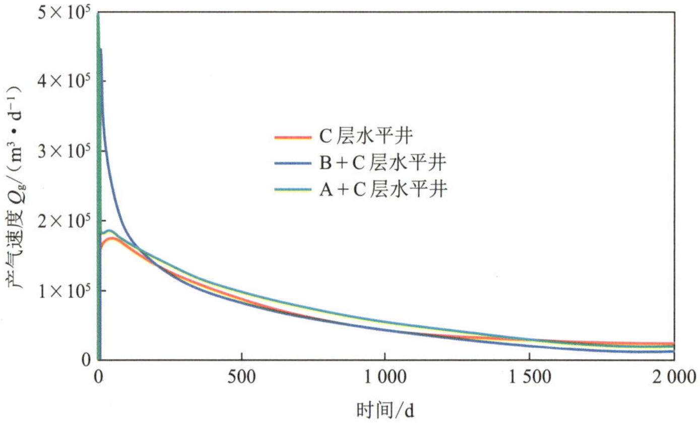

图 6-9 双水平井不同开采层位下的产气速度

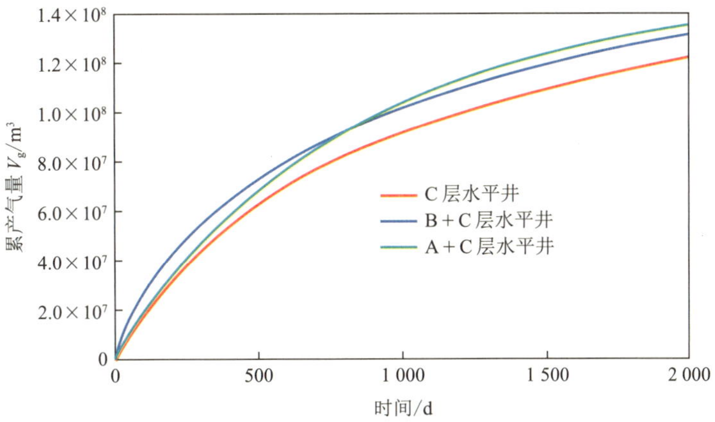

图 6-10　双水平井不同开采层位下的累产气量

对比图 6-9 和图 6-10 可知，相比于单水平井，双水平井可以提高产量，但是提升幅度较小，仅为 10%。使用双水平井开采时，在前 1 000 d 由于 B 层本身存在自由气，开采早期产气优势更为明显，即水平井布置在 B+C 层产气量较高；在开采 1 000 d 以后，水平井布置在水合物藏 A+C 层的开采效果好于 B+C 层，这是因为 A 层的水合物量多，且距离 C 层较远，压降传播到 A 层所需的时间较长。因此，使用双水平井开采神狐水合物藏时，短期开采（1 000 d 以内）时建议采用 B+C 层的组合方式，长期开采（超过 1 000 d）时建议采用 A+C 层的组合方式。

6.1.5　均质水合物藏水平井位置优化

神狐水合物藏具有多个水合物层，水平井位置的选择受各层地质参数的影响较大。建立均质水合物藏模型，模型参数见表 3-1 中水合物 A 层参数，水平井长度为 400 m，生产压力设定为 3 MPa，水平井分别布置在水合物藏的上部、中部和下部，研究在同一水合物层不同深度处的水平井开采效果。

水平井在不同位置下的产气速度和累产气量随时间的变化曲线如图 6-11 和图 6-12 所示。从图 6-11 和图 6-12 可以看出，水平井布置在不同位置时产气速度的整体变化趋势基本一致，产气量在早期会存在差距，但是 500 d 以后差别较小。水平井位于中部时累产气量最高，上部次之，下部最差，中部的累产气量约是下部的 1.2 倍。这是因为神狐水合物藏的渗透率低，压力传播速度慢，当水平井位于水合物藏中部时，可以尽可能地提高井的波及范围，提高降压速度。因此，采用水平井开采渗透率较低的单层水合物藏时，水平井应布置在水合物藏中部。

在神狐水合物藏 A 层模型的基础上，将渗透率扩大到 290 mD，其余参数不变（即水平井长度为 400 m，生产压力设定为 3 MPa），水平井分别布置在水合物藏的上部、中部和下部，研究在高渗透率下同一水合物层不同深度处的水平井开采效果。

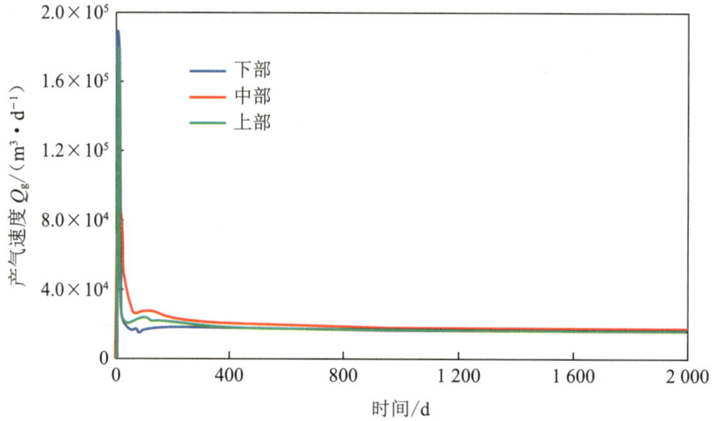

图 6-11　水平井在不同开采位置下的产气速度

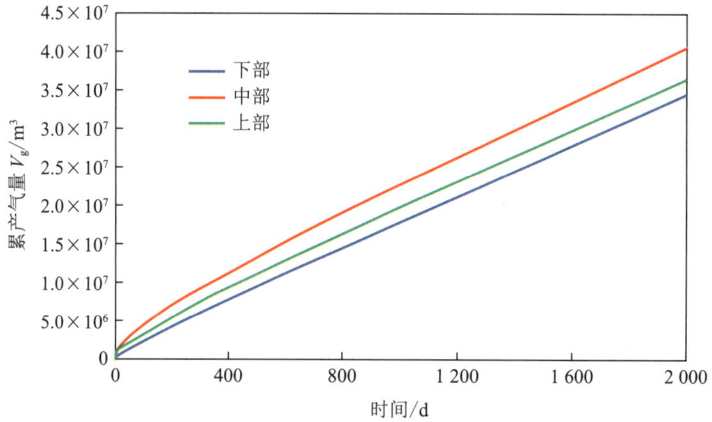

图 6-12　水平井在不同开采位置下的累产气量

高渗透率水合物藏不同位置下的产气速度和累产气量随时间的变化曲线如图 6-13 和图 6-14 所示。从图 6-13 和图 6-14 可以看出，当水合物层渗透率较高时，水平井布置在不同位置时的产气速度整体变化趋势基本一致。在生产前期，与低渗透率时的结果类似，

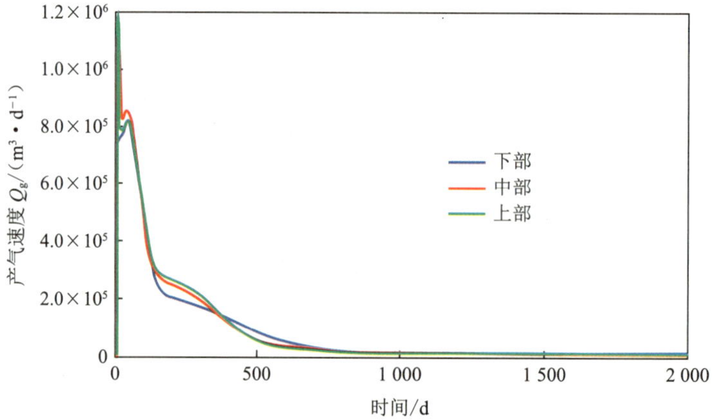

图 6-13　高渗透率时水平井在不同开采位置下的产气速度

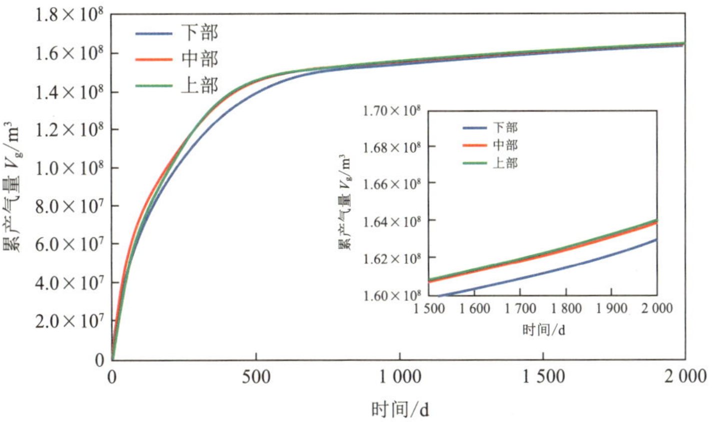

图 6-14　高渗透率时水平井在不同开采位置下的累产气量

水平井位于水合物层中部时累产气量最高，上部次之，下部最差；在生产中期，水平井位于水合物层上部时累产气量逐渐升高；在生产后期，水平井位于水合物层上部时累产气量最高。这是因为在水合物前期分解阶段，压力传播的快慢决定着水合物的分解速度，当水平井位于水合物藏中部时，可以尽可能地提高压降传播速度；在产气量逐渐增多的水合物分解中后期，由于重力分异作用，气体的密度小于水，会向水合物藏上部移动，因此水平井位于水合物上部时累产气量多。因此，在采用水平井长期开采渗透率较高的单层水合物藏时，布置在水合物藏上部的水平井生产结束可以获得较多的累产气量。

6.2　直井降压＋压裂开采的数值模拟

压裂作为一种增产措施，在开采低渗油藏时应用普遍。本节对直井降压＋压裂开采神狐水合物藏的效果进行研究。

6.2.1　开采动态分析

在神狐水合物藏 A 层和 B 层分别进行压裂，构造裂缝，形成高渗区，裂缝区位于水合物层中间位置，裂缝半长为 150 m，裂缝区渗透率为 1 D。采用一口直井进行生产，生产井射开 A，B，C 三层，井底压力设置为定值 3 MPa。模型基础参数详见表 3-1，模拟生产时间为 2 000 d。

1）产气动态分析

直井降压＋压裂开采过程中的产气速度和累产气量随时间的变化如图 6-15 所示。

从图 6-15 中的产气速度曲线可以看出，开采早期的产气主要为自由气以及压裂区水合物分解而生成的气，开采早期的产气速度最高可以达到 3.7×10⁵ m³/d。150 d 以后产气速度缓慢降低，该阶段的产气速度整体高于只降压开采时。到开采结束时产气速度与只降压开采时非常接近。这表明压裂的影响主要是在开采前期明显，随着开采时间的增长，压裂的效果逐渐减弱，降压＋压裂的开采方式适合追求高产气量的中短期开采。

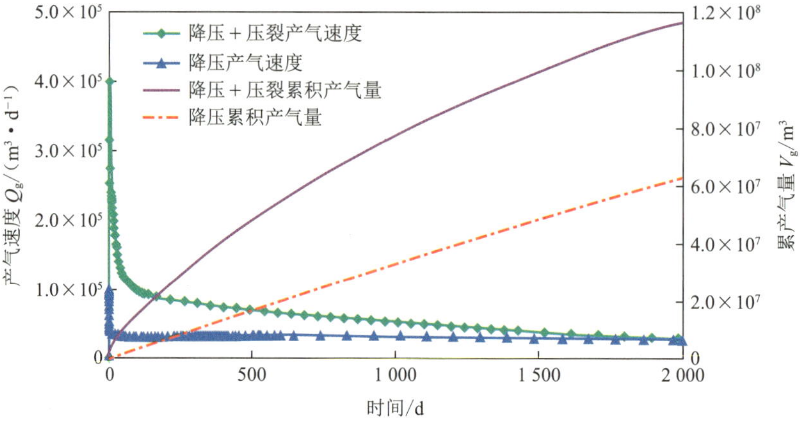

图 6-15 直井降压＋压裂开采过程中的产气速度和累产气量

从图 6-15 中的累产气量曲线可以看出，开采早期的累产气量上升较快，前 500 d 的日均产气量约为 9.46×10^4 m³/d，基本达到商业开采标准；后期累产气量上升速率变缓，开采 2 000 d 时的累产气量为 1.16×10^8 m³，在开采过程中的日均产气量为 58 000 m³/d，约是只降压开采时的 2 倍，表明压裂的增产效果非常明显。

2）水合物饱和度变化分析

降压＋压裂开采过程中平面上的水合物饱和度变化如图 6-16 所示。

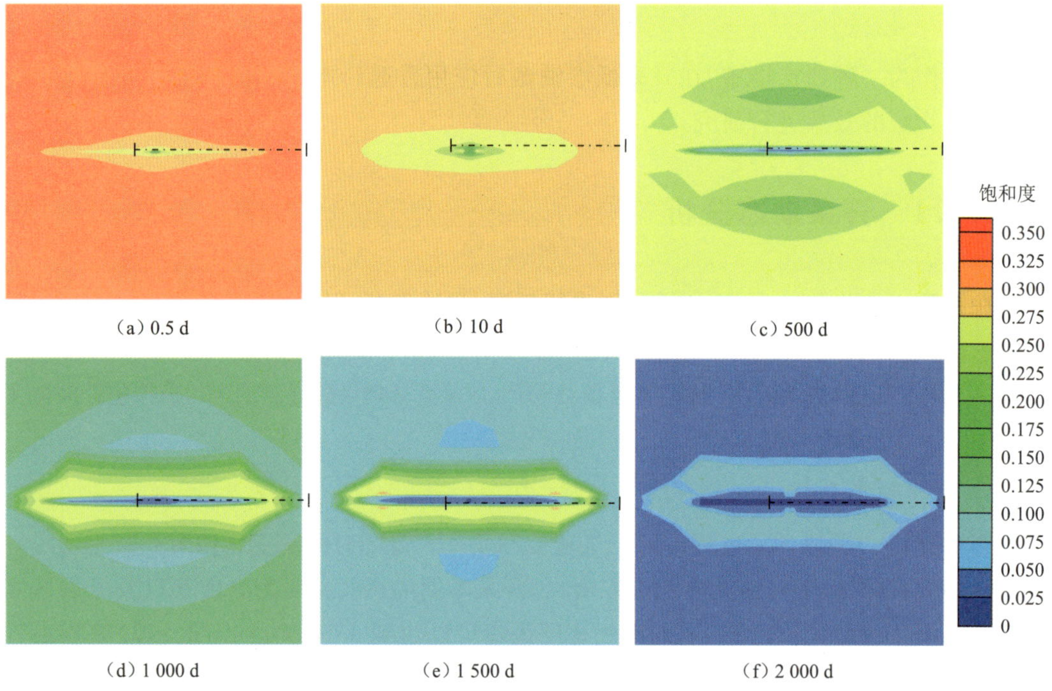

图 6-16 不同时刻下平面上的水合物饱和度变化

压裂区的渗透率高，水合物会率先分解，但是压裂区和水合物藏交接处的水合物分解速度会明显慢于其他区域，这是因为压裂提高了压降的传播速度。直井生产的能力有限，水合物分解产生的气水会在压裂区外聚集，导致该区域的水合物分解速度小，这与 Feng 等模拟降压联合压裂开采时发现裂缝边界处存在生成二次水合物的结果相似。

对于整个储层来说，压裂促进水合物分解的效果十分明显，开采 2 000 d 时整个层的水合物饱和度都低于 0.1，部分区域已经全部生产完成。

3）压力变化分析

图 6-17 是降压＋压裂开采过程中 0.5 d，10 d，500 d，1 000 d，1 500 d 和 2 000 d 时生产层压力分布的横剖面图。从图 6-17 可以看出，由于压裂区的渗透率高，在横剖面上压裂区的压力最低。压裂区处的压力一直保持较低值，其余地区的压力降低慢于压裂区。到开采 2 000 d 时，整个开采层的压力都低于 6 MPa。

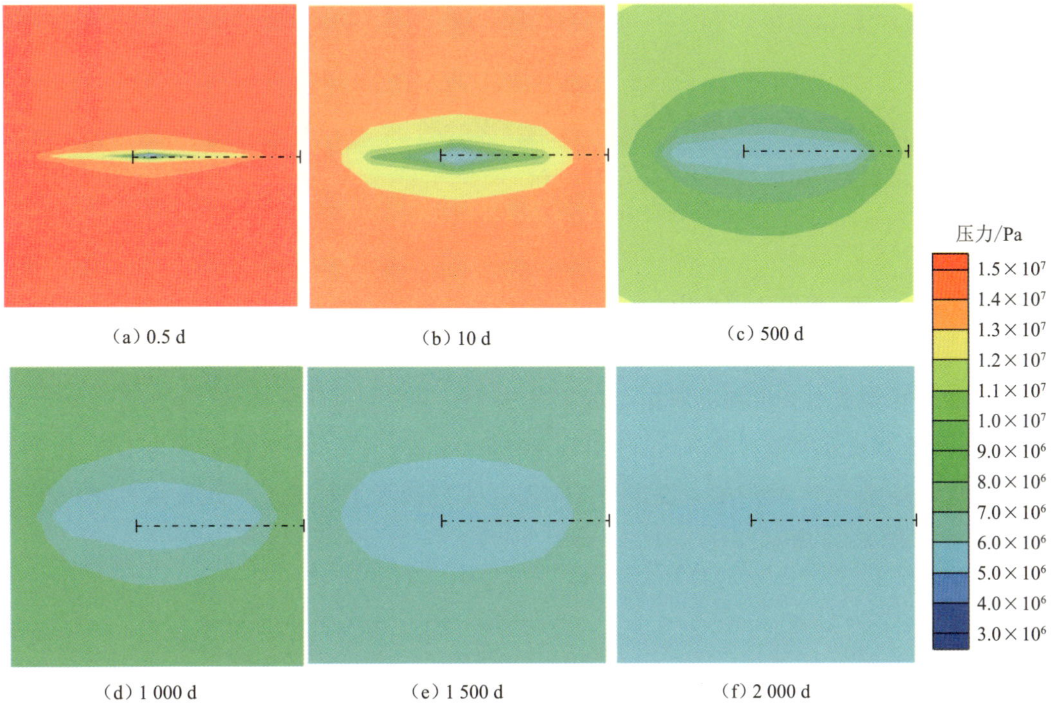

图 6-17　生产层压力分布的横剖面图

降压＋压裂开采时压力传播速度明显快于只降压生产时，对于低渗透率的水合物藏来说，压裂是提高压力传播速度的有效方式。

4）温度变化分析

图 6-18 是降压＋压裂开采 0.5 d，10 d，500 d，1 000 d，1 500 d 和 2 000 d 时生产层的温度分布横剖面图。从图 6-18 可以看出，在开采早期，因为水合物是从压裂区附近开始分解，所以压裂区的温度最先降低。到 2 000 d 时整个储层温度趋于一致，储层整体温度高于 6 ℃，而此时水合物饱和度已经很低，说明储层热量充足，可以分解所有的水合物。

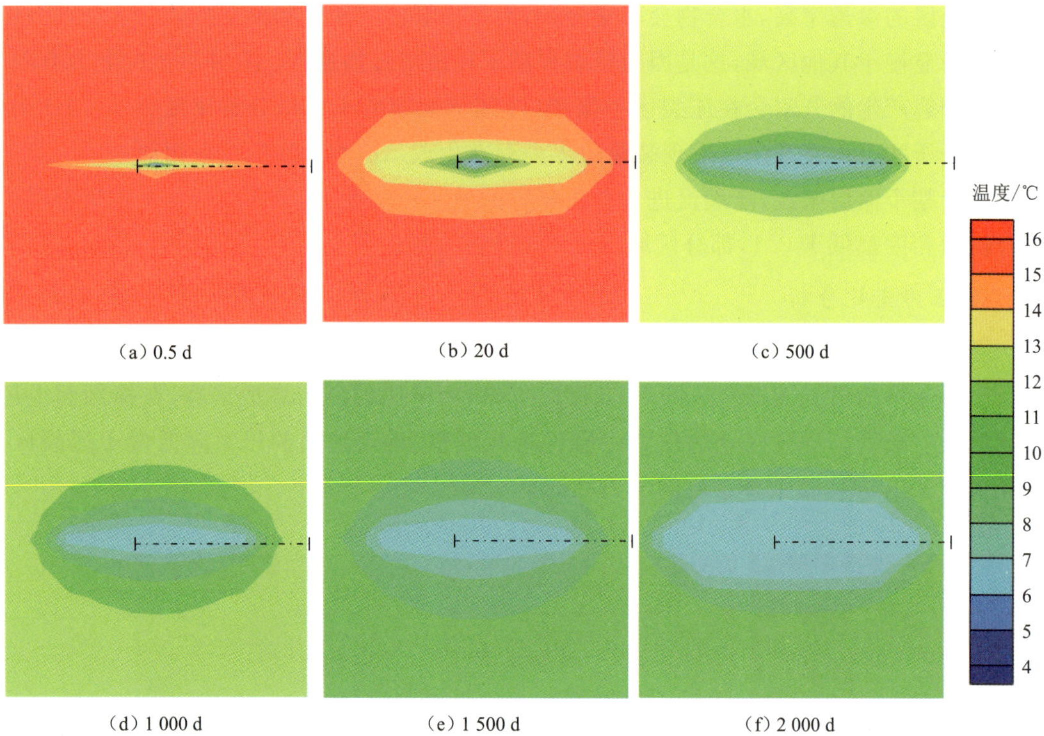

图 6-18　生产层温度分布的横剖面图

6.2.2　裂缝半长优化

上节中开采动态分析部分所用裂缝半长为 150 m。裂缝半长不同，增产效果也存在差异，将裂缝半长分别设计为 50 m，100 m 和 150 m 和 200 m，裂缝渗透率为 1 D，采用一口直井进行降压生产，生产压力设定为 3 MPa。不同裂缝半长下的产气速度和累产气量如图 6-19 和图 6-20 所示。

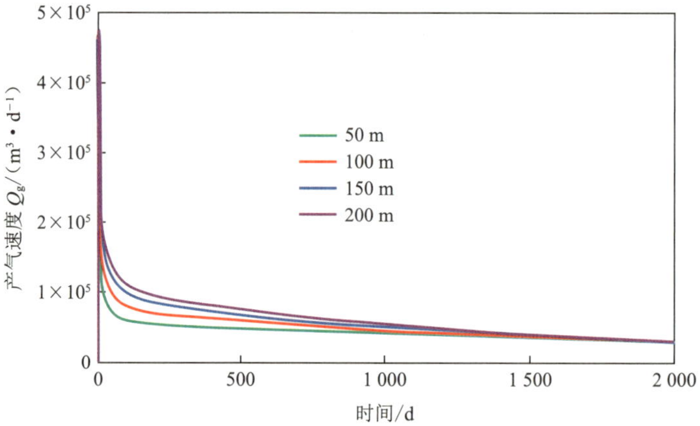

图 6-19　不同裂缝半长下的产气速度

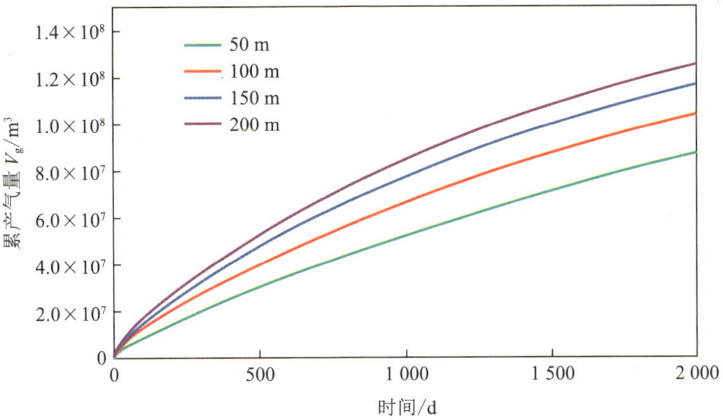

图 6-20　不同裂缝半长下的累产气量

从图 6-19 可以看出，不同裂缝半长下的产气速度变化趋势相同，由于存在自由气且裂缝区的渗透率高，初期产气速度较高，然后迅速降低，中后期的产气速度维持稳定。不同裂缝半长对产气速度的影响主要体现在前 1 000 d，裂缝半长越长，前期的产气速度越快；1 000 d 以后的产气速度基本一致，开采中后期的产气速度受裂缝半长影响很小，裂缝半长为 200 m 时的产气速度与 150 m 时的产气速度非常接近。

从图 6-20 可以看出，裂缝半长越长，累产气量越多，但是随着裂缝半长的增加，累产气量增长幅度逐渐变低。当裂缝半长超过 150 m 后再提高 50 m，最终的累产气量仅提高 6%，增长幅度较低。因此，建议神狐水合物藏压裂的裂缝半长选择 150 m。

6.2.3　裂缝渗透率优化

将裂缝半长设定为 150 m，裂缝区域渗透率分别设定为 10 mD，100 mD，1 D 和 10 D，比较不同裂缝渗透率对产气的影响。

图 6-21 和图 6-22 分别是不同裂缝渗透率下的产气速度和累产气量随时间的变化曲线。

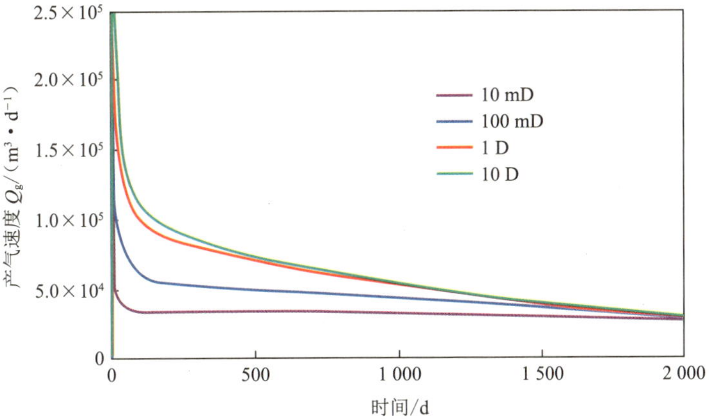

图 6-21　不同裂缝渗透率下的产气速度

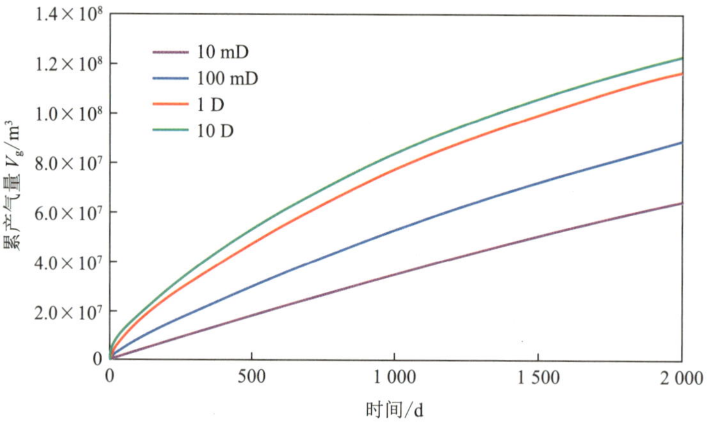

图 6-22 不同裂缝渗透率下的累产气量

从图 6-21 可以看出，不同裂缝渗透率下的产气速度变化趋势相同。储层初始存在自由气且裂缝区的渗透率高，因此初期产气速度较高，然后迅速降低，中后期的产气速度维持稳定。裂缝的渗透率越高，产气速度越高，但是到了开采后期，不同渗透率下的产气速度差距逐渐减小，渗透率为 1 D 时的产气速度与 10 D 时的产气速度非常接近。

从图 6-22 可以看出，裂缝渗透率越高，累产气量越大，但是当裂缝渗透率超过 1 D 后，裂缝渗透率再提高 9 倍，最终的累产气量仅提高 3%，增产效果非常有限。因此，神狐水合物藏压裂的裂缝渗透率为 1 D 就能有效地提高产气量，不必过大。

6.3 直井降压+注热驱替开采的数值模拟

降压开采过程中储层温度会不断降低，注热可以为储层补充热量，因此本节对直井降压+注热驱替开采的产气效果进行研究。

降压+注热驱替开采的地质模型和降压开采相同，模型参数设置见表 3-1。采用“四注一采”五点法井网进行开采，如图 6-23 所示。生产井位于模型中央，射开水合物 A，B 及 C 层，注水井位于模型四个角，在 A 层注入。

6.3.1 开采动态分析

将生产压力设定为 3 MPa，注水井的注入温度设定为 50 ℃，注入速度为 50 m³/d，模拟生产时间为 2 000 d。

1）产气动态分析

降压+注热驱替开采的产气速度和累产气量如图 6-24 所示。降压+注热驱替开采

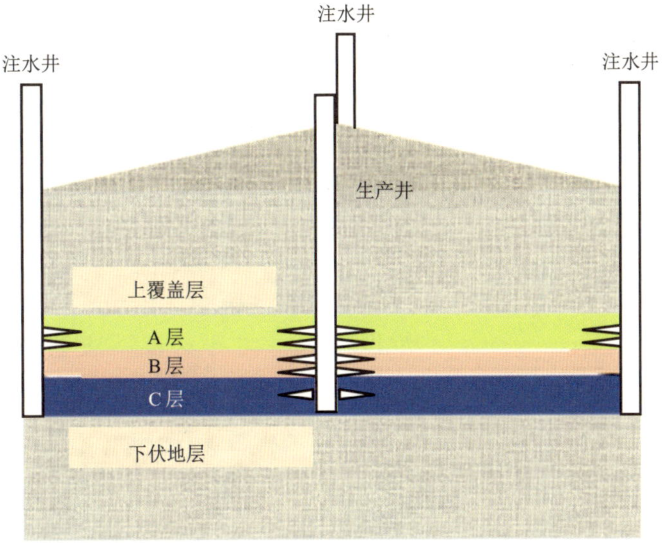

图 6-23　井网布置示意图

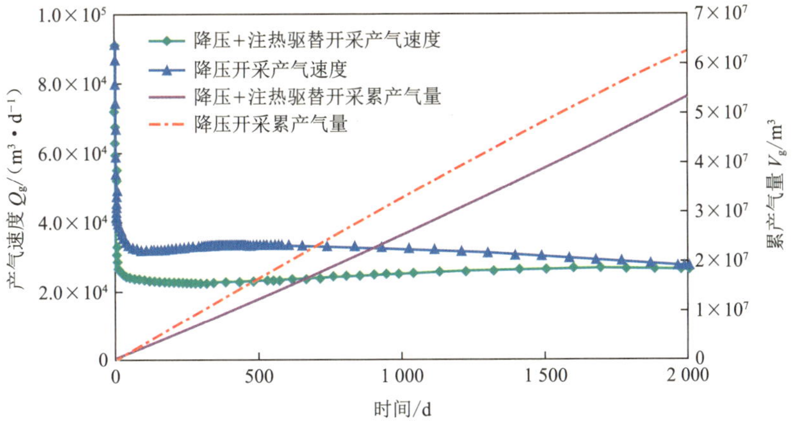

图 6-24　降压＋注热驱替开采过程中产气速度和累产气量的变化曲线

早期的产气速度较高，最高可以达到 8.1×10⁴ m³/d，但低于降压开采时的峰值。之后随着压力的不断降低，水合物分解范围不断扩大，产气量增多，产气速度开始缓慢回升。与降压开采对比可以看出，降压＋注热驱替开采产气速度回升的时间晚于降压开采，降压开采过程中的产气速度高于降压＋注热驱替开采，表明注热会对开采产生不利的影响。从图 6-24 中的累产气量变化曲线可以看出，降压＋注热驱替开采 2 000 d 时的累产气量为 5.31×10^7 m³，开采过程中的日均产气量为 26 550 m³/d，低于只降压开采时。因此，开采神狐水合物藏时不推荐降压＋注热驱替开采。

2）水合物饱和度变化分析

图 6-25 是降压＋注热驱替开采 0.5 d，10 d，500 d，1 000 d，1 500 d 和 2 000 d 时的水合物饱和度横剖面图。生产井和注热井处的水合物最先分解，但在开采 500 d 以后，注热井对水合物分解的作用很小，并且注热井外围出现了水合物的二次生成。这是因为储层

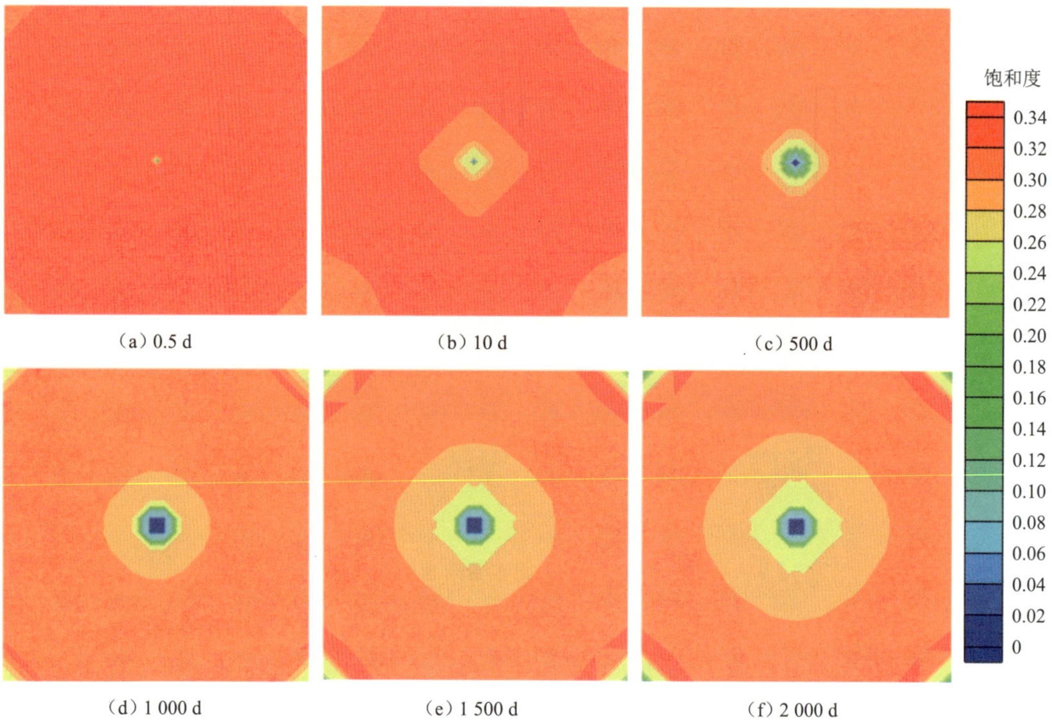

图 6-25 不同时刻下水合物饱和度横剖面图

渗透率低，阻碍了注入热流体的流动，导致热流体集中在注热井附近，使注热井处压力和温度明显升高，注热井外围的温度低于相平衡温度，因此注热井外围形成了二次水合物。在降压＋注热驱替开采中水合物主要是以开采井为中心进行分解的，水合物分解的驱动力主要来自降压开采，注热的作用非常有限。

3）压力变化分析

图 6-26 是降压＋注热驱替开采 0.5 d，10 d，500 d，1 000 d，1 500 d 和 2 000 d 时生产层的压力分布横剖面图。开采井处的压力最先降低，并一直保持较低值，其余地区的压力降低较为缓慢。开采 10 d 时，注热井附近由于热流体的不断注入，压力开始升高；开采 500 d 以后，受注热井高压的影响，压降无法传递到四周，以注热井为圆心形成高压区，抑制了降压的效果。开采过程中注热井附近的压力最高可达到 18 MPa，远高于初始地层压力，会对水合物的分解产生不利的影响。

4）温度变化分析

图 6-27 是降压＋注热驱替开采 0.5 d，10 d，500 d，1 000 d，1 500 d 和 2 000 d 时生产层的温度分布横剖面图。生产早期开采井附近的温度最先降低，由于早期注入的热量主要用于注热井附近的水合物分解，注热井附近温度升高并不明显。开采 500 d 时注热井附近温度开始升高，但是由于地层渗透性差，注入的热流体难以向储层流动，注热的波及范围局限于注热井附近，对整个储层的作用效果有限。生产过程中的低温区域主要为开

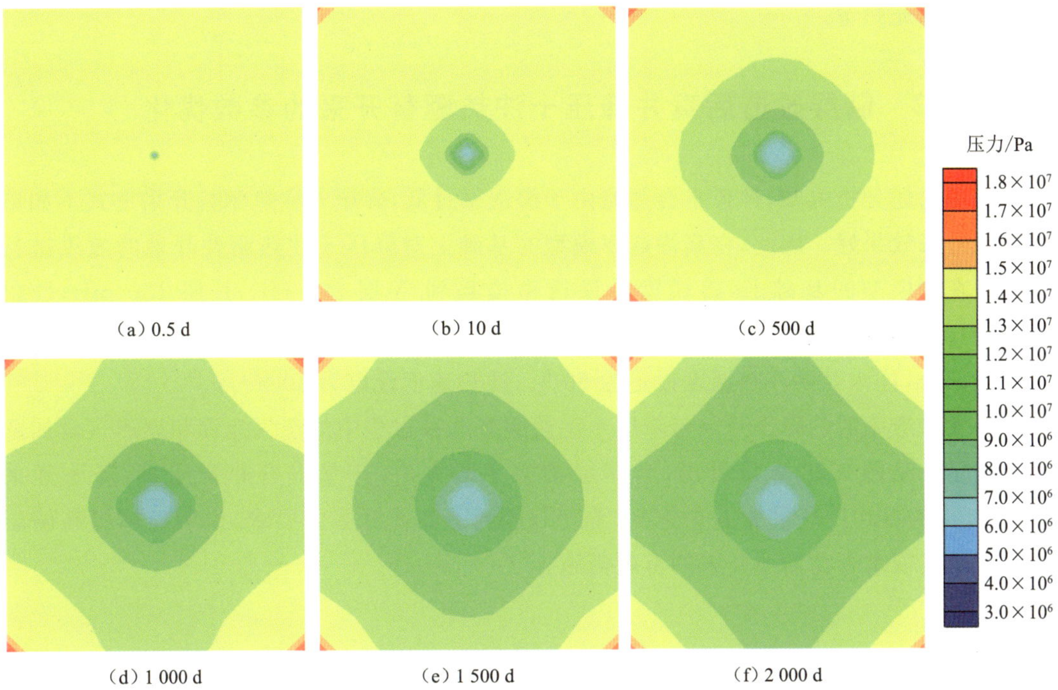

图 6-26　生产层压力分布的横剖面图

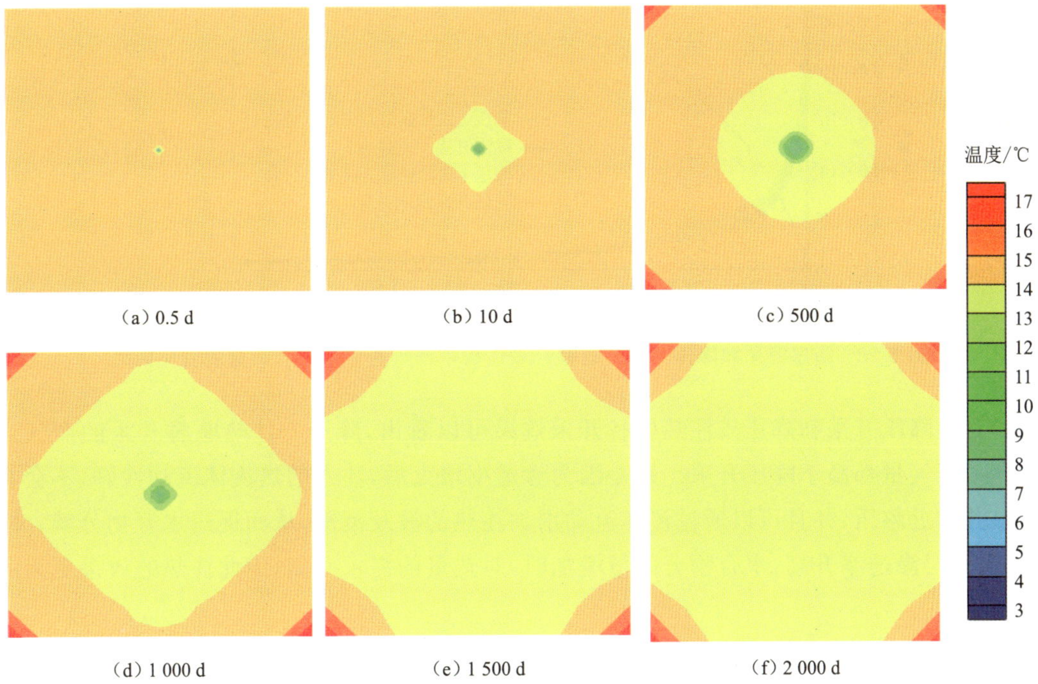

图 6-27　生产层温度分布的横剖面图

采井附近，最低温度达到 3 ℃。注热的效果很难到达生产井附近，而储层的整体温度保持在 13 ℃以上，储层本身热量充足。因此，注热的波及范围有限且储层自身热量充足，并不需要额外补充热量。

6.3.2 储层改造后直井降压＋注热驱替开采的参数优化

通过上述分析可知，神狐水合物藏由于渗透率过低，降压＋注热驱替开采方式不如单独降压开采效果好。因此，在高渗透率模型的基础上对降压＋注热驱替开采的效果进行研究。在原模型的基础上，将模型的渗透率提高到 A 层 290 mD，B 层 150 mD，C 层 740 mD，其余参数参照表 3-1，对比降压＋注热驱替开采与降压开采的效果。生产压力设定为 3 MPa，注水井的注热温度设定为 50 ℃，注热速度设定为 50 m^3/d。

增大渗透率后的降压开采与降压＋注热驱替开采过程中的产气速度和累产气量如图 6-28 所示。从图 6-28 可以看出，当储层渗透率增大后，产量提升非常明显，降压开采 2 000 d 内的日均产气量为 1.04×10^5 m^3/d，达到了商业开采的要求，说明整体提高储层渗透率是实现水合物商业开采的有效措施。

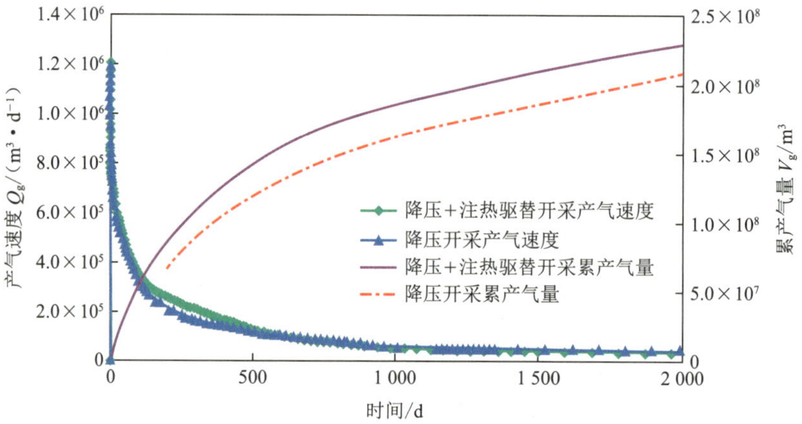

图 6-28　降压开采和降压＋注热驱替开采过程中产气速度和累产气量的变化曲线

对比降压开采和降压＋注热驱替开采效果可以看出，降压＋注热驱替开采的产气速度和累产气量都高于降压开采。这是因为渗透率增大后，注入的热流体流动性好，不会在注热井附近憋压，并且可以通过流体流动增加注热的波及范围，从而促进水合物分解。同时，当储层渗透率升高，水合物分解量增加时，对热量的需求变高，因此注热的效果更为明显。

从上述分析可以得到，高渗透率时降压＋注热驱替开采的效果优于单独降压开采。因此，以增大渗透率后的模型为基础，对降压＋注热驱替开采的注热速度和注热温度进行优化。

1）注热速度优化

将注水井的注热速度分别设定为 50 m^3/d，100 m^3/d，150 m^3/d 和 200 m^3/d，保证注

热温度均为 50 ℃，生产井井底压力设置为 3 MPa，总模拟时间为 2 000 d。

图 6-29 和图 6-30 为不同注热速度下产气速度和累产气量随时间的变化曲线。从图 6-29 和图 6-30 可以看出，随着注热速度的加快，累产气量先增加后减小。当注热速度为 100 m^3/d 时，产气速度和累产气量最高，注热速度为 50 m^3/d，150 m^3/d 和 200 m^3/d 时的产气效果均低于 100 m^3/d 时，说明注热速度过慢和过快都不利于水合物的分解。注热温度过低时，补充的热量不够，累产气量较少；注热速度过快时，流体会在注热井处聚集，导致水合物藏憋压，降低降压开采的效率，使水合物分解量减小。

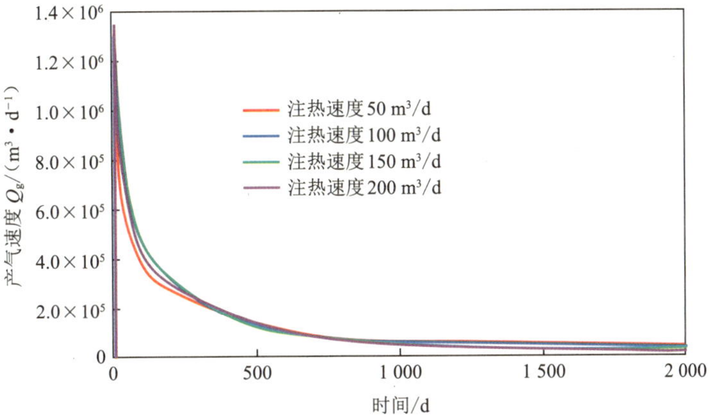

图 6-29　不同注热速度下的产气速度

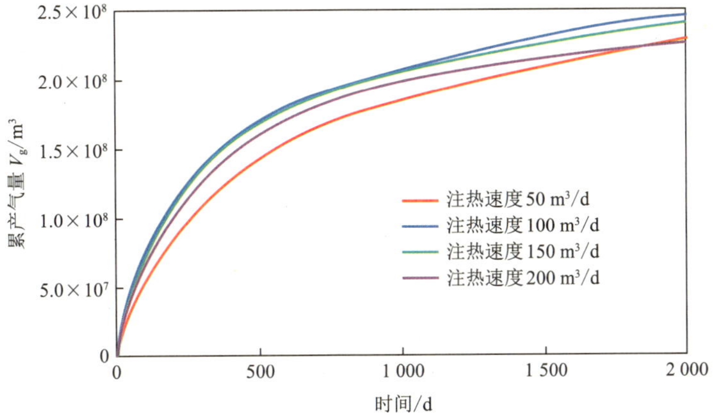

图 6-30　不同注热速度下的累产气量

从获得更多累产气量的角度考虑，神狐水合物藏采用降压＋注热驱替开采在提高渗透率时，建议在本模型参数研究范围内注热速度选择为 100 m^3/d。

2）注热温度优化

对注热温度进行优化，分别设定为 25 ℃（常温海水），40 ℃，60 ℃和 80 ℃，注热速度保持为 100 m^3/d，生产井井底压力为 3 MPa，总模拟时间为 2 000 d。图 6-31 和图 6-32 分别为降压+注热驱替开采过程中不同注热温度下的产气速度和累产气量随时间的变化曲线。从图 6-31 和图 6-32 可以看出，注热温度的升高有利于水合物的分解，会使产气速度和累产气量都略有升高。但是注热温度对水合物的产气速度和累产气量影响都很小，若注热温度提高 55 ℃，2 000 d 时的累产气量仅提高 1.7%，产能提高幅度很低。

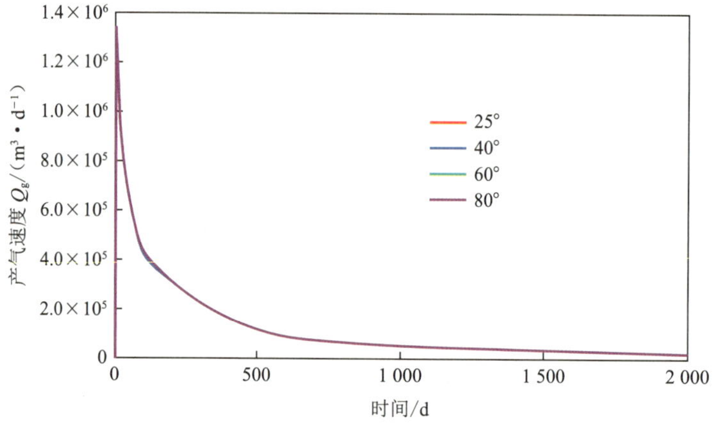

图 6-31　不同注热温度下的产气速度

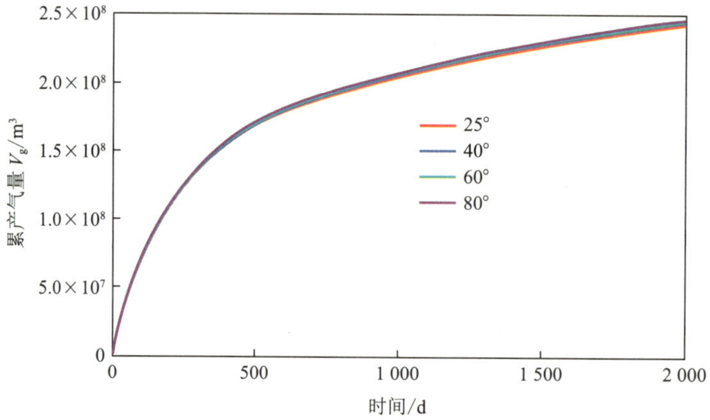

图 6-32　不同注热温度下的累产气量

由于注热温度对产量的影响很小，从经济角度考虑，建议注热温度为 25 ℃，即采用常温海水注热。

6.4　直井降压+井壁加热开采的数值模拟

降压+井壁加热开采是指使用电加热设备在恒定功率下使开采井井壁温度不断升高，从而向水合物藏提供热量。

降压+井壁加热开采地质模型同降压开采模型，如图 6-33 所示。开采井位于模型中心且射开水合物 A 层、B 层及 C 层，井壁加热部分位于水合物 A 层及 B 层。

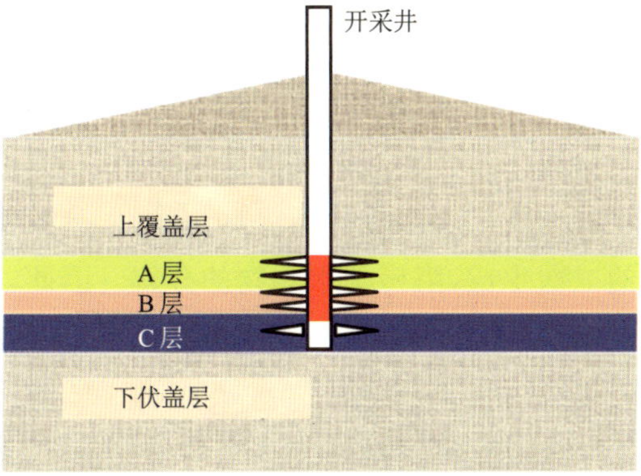

图 6-33　降压＋井壁加热开采地质模型

6.4.1　开采动态分析

将生产压力设定为 3 MPa，井壁加热功率设定为 2 kW，模拟生产时间为 2 000 d。

1）产气动态分析

降压＋井壁加热开采过程中的产气速度和累产气量如图 6-34 所示。

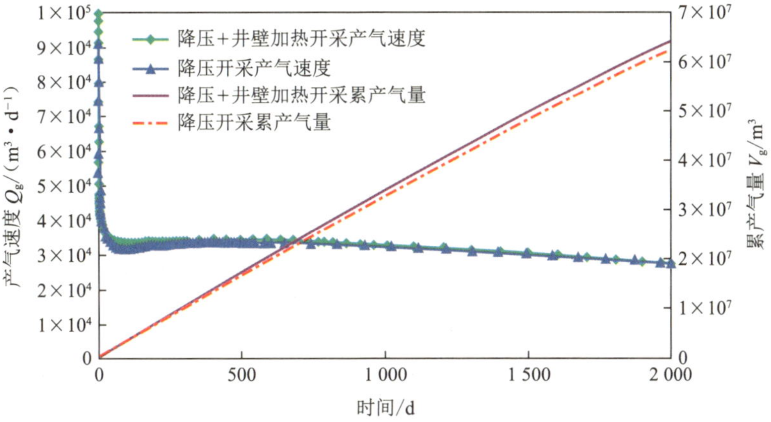

图 6-34　降压＋井壁加热开采过程中的产气速度和累产气量的变化曲线

从图 6-34 中的产气速度变化曲线可以看出，降压＋井壁加热开采早期的产气速度最高可以达到 1.0×10^5 m³/d。由于井壁加热导致开采井处的水合物分解迅速，初始时的峰值高于只降压开采时。随着自由气的产出，产气速度也迅速下降并保持稳定，该阶段降压＋井壁加热开采的产气速度与降压开采时非常接近，越到开采后期二者的差别越小。

从图 6-34 中的累产气量变化曲线可以看出，降压＋井壁加热开采过程中的累产气量上升速度基本保持稳定，开采 2 000 d 时的累产气量为 6.4×10^7 m³，在开采过程中的日均产气量为 32 000 m^3/d，仅比降压开采时高 2.7%，提升幅度有限。因此，降压+井壁加热开采可以提高神狐水合物藏的产量，但是提升幅度很小。

2）水合物饱和度变化分析

图 6-35 是进行降压+井壁加热开采 0.5 d，10 d，500 d，1 000 d，1 500 d 和 2 000 d 时水合物饱和度分布的横剖面图。水合物从开采井周围开始分解，由于井壁加热的作用，开采井处的水合物分解后没有出现二次生成的情况，但井壁加热的作用范围有限，在开采井外围依然出现了水合物的二次生成，阻碍了水合物的分解。因此，井壁加热能有效抑制开采井处的水合物二次生成，但对于整个储层的波及范围很小。

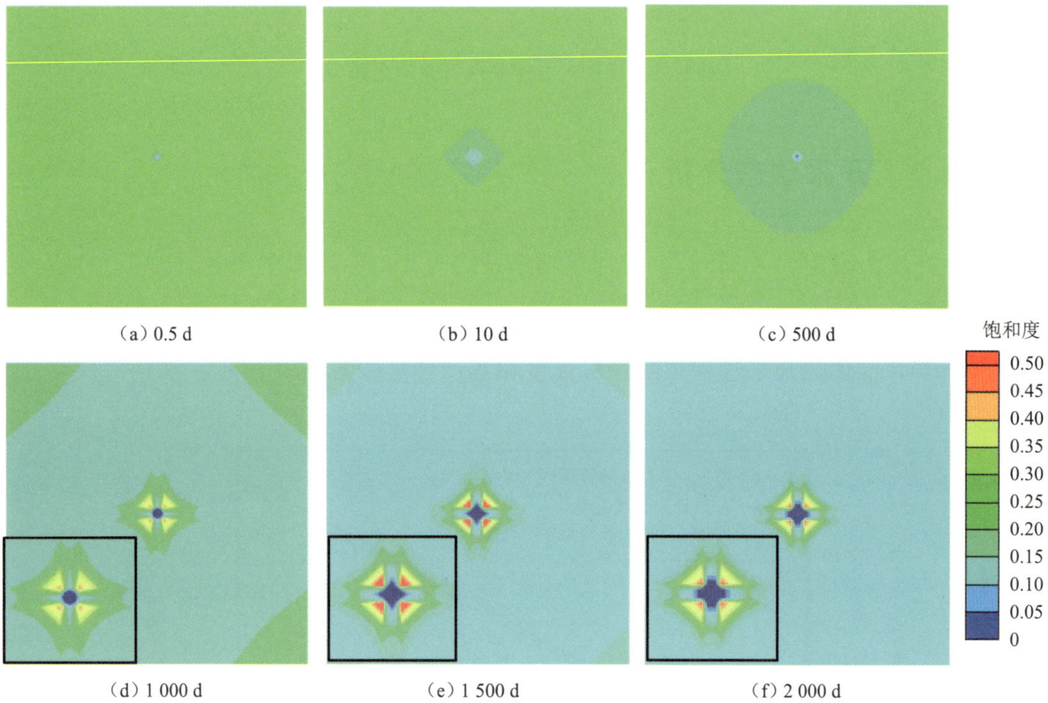

图 6-35　不同时刻下水合物饱和度分布的横剖面图

3）压力变化分析

图 6-36 是进行降压+井壁加热开采 0.5 d，10 d，500 d，1 000 d，1 500 d 和 2 000 d 时生产层的压力分布横剖面图。从图 6-36 可以看出，横剖面上的压力在开采井处最先降低，然后以开采井为中心，呈圆形向四周逐渐降低。开采井附近的压力一直保持较低值，其余地区的压力降低较为缓慢。

4）温度变化分析

图 6-37 是降压+井壁加热开采 0.5 d，10 d，500 d，1 000 d，1 500 d 和 2 000 d 时生产层的温度分布横剖面图。由于井壁加热的作用，开采井处的温度逐渐升高，早期升温不明显的原因是开采井处的水合物不断分解，吸收了部分热量，随着开采井处的水合物逐渐分

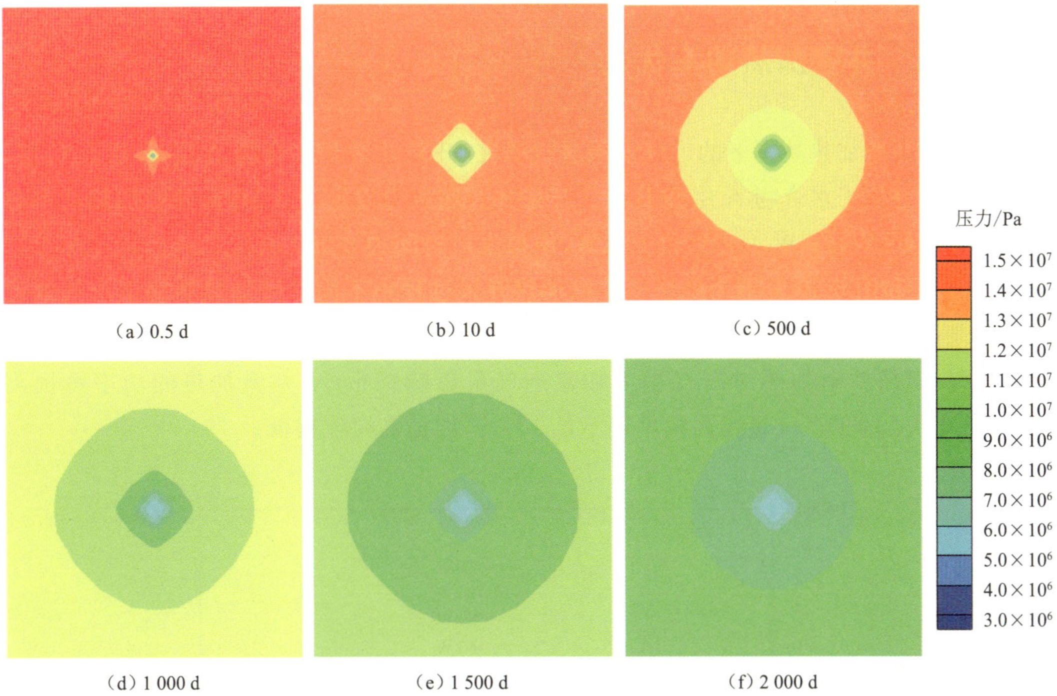

图 6-36　生产层压力分布的横剖面图

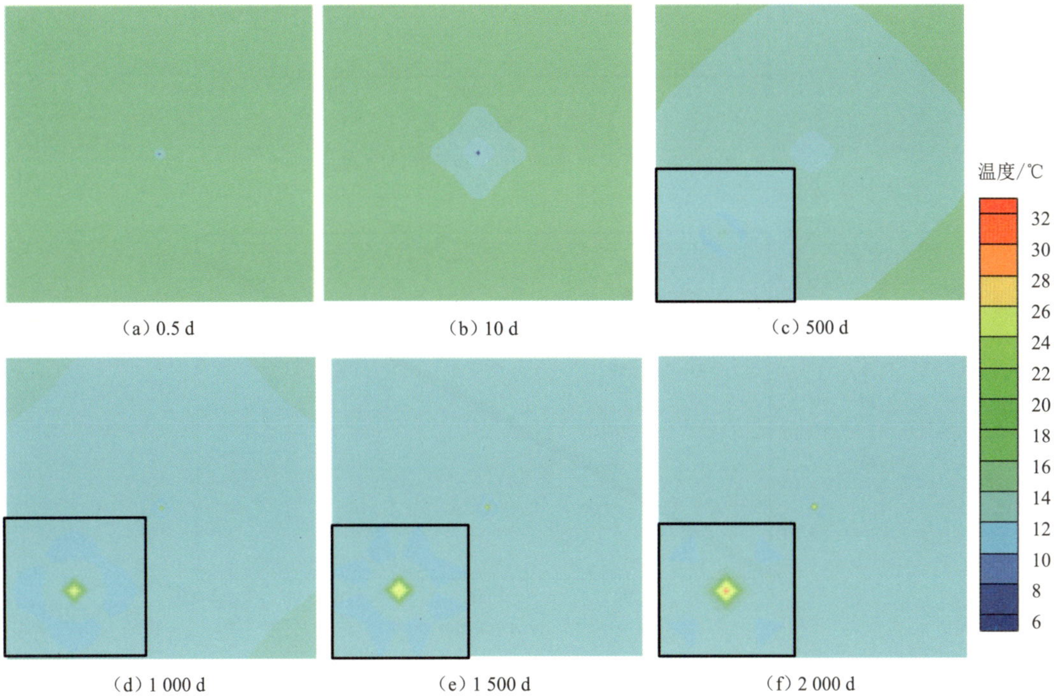

图 6-37　生产层温度分布的横剖面图

解完毕，温度不断升高，最高温度达到了 32 ℃。但井壁加热的波及范围仅局限于开采井处，对整个储层的作用效果有限，因此井壁加热对产能的提升作用也十分有限。

6.4.2 井壁加热功率优化

对不同井壁加热功率下的产气效果进行研究，开采井射开水合物 A 层、B 层及 C 层，井壁加热部分位于水合物 A 层和 B 层。开采井井底压力设定为 3 MPa，井壁加热功率分别为 2 kW，4 kW，6 kW，8 kW 和 10 kW，模拟生产时间为 2 000 d。

图 6-38 和图 6-39 分别为降压＋井壁加热开采过程中不同井壁加热功率下产气速度和累产气量随时间的变化曲线。从图 6-38 和图 6-39 可以看出，井壁加热功率越高，产气效果越好，但是井壁加热对产气速度和累产气量影响都很小，井壁加热的功率每提高 2 kW，2 000 d 的累产气量提高幅度还不足 1%，产能提高幅度很低。

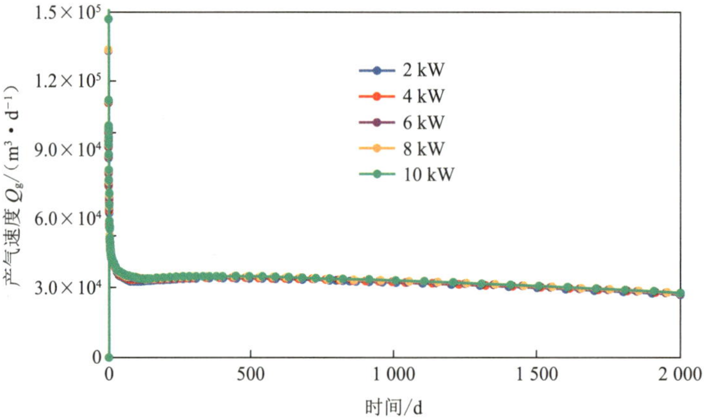

图 6-38 不同井壁加热功率下的产气速度

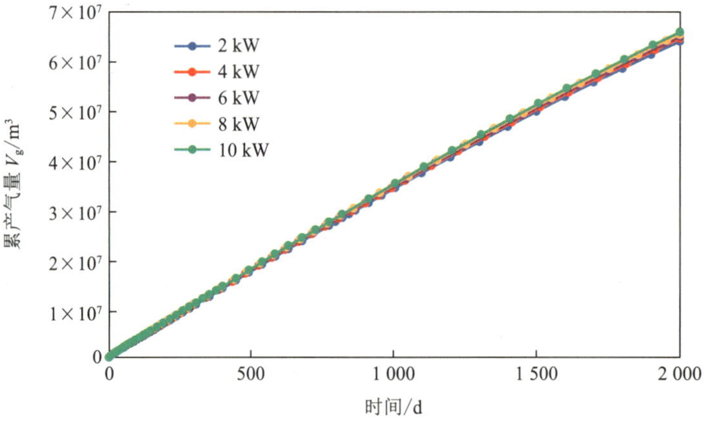

图 6-39 不同井壁加热功率下的累产气量

降压＋井壁加热的开采方式可以提高水合物藏的产能，但由于井壁加热的作用范围有限，对产能的提升幅度很小，依靠降压＋井壁加热的方式无法实现神狐水合物藏的商业开采，因此不推荐采用降压＋井壁加热的方式开采。

6.5　增产措施效果对比及开采方案推荐

各增产措施下的参数设置以及日均产气量见表 6-1。从表 6-1 可以看出，储层改造后的产量可以达到商业开采要求，降压＋注热驱替开采的产量虽然高于只降压开采时，但提升幅度不大，考虑到注热的经济成本较高，推荐最佳的开采方案是储层改造后进行直井全部射孔降压开采。当无法提升储层的整体渗透率时，推荐采用水平井开采，水平井布置在 C 层，井长设置为 400 m。直井降压＋压裂虽然可以有效地提高产量，但长期开采的日均产气量不如其他增产措施，推荐中短期开采时应用。

表 6-1　神狐水合物藏不同生产措施下的参数设置及日均产气量

生产措施	参　数	日均产气量/($m^3 \cdot d^{-1}$)
直　井	A 层、B 层、C 层全部射孔	31 500
水平井	位于 C 层，长度 400 m	62 500
直井降压＋压裂	裂缝半长 150 m，裂缝渗透率 1 D	58 000
储层改造后直井降压	渗透率 100 D	104 000
储层改造后直井降压＋注热驱替	渗透率 100 D，注热速度 100 m^3/d，注热温度 50 ℃	114 000
直井降压＋井壁加热	加热功率 2 kW	32 000

6.6　本章小结

本章研究了不同增产措施的增产效果，并对各增产措施进行了优化，得出最佳的开采方案。主要结论如下：

(1) 水平井开采相比于直井开采效果更好。采用单水平井开采神狐水合物藏时，建议将水平井布置在 C 层，水平井长度设计为 400 m(即穿透比为 0.8)。使用双水平井开采神狐水合物藏时，双水平井相比于单水平井的产量提升幅度仅为 10%，短期开采(1 000 d 以内)时建议将 2 个水平井分别布置在 B 层和 C 层，长期开采(超过 1 000 d)时建议将 2 个水平井分别布置在 A 层和 C 层。当渗透率较低时建议将水平井布置在水合物藏中部，当渗透率较高时建议将水平井布置在水合物层上部。

(2) 直井降压＋压裂开采可以提高直井降压的产量，推荐的裂缝半长为 150 m，裂缝区渗透率为 1 D。压裂的增产主要体现在开采前期，对开采后期影响较小，适合中短期开采。

(3) 直井降压＋注热驱替开采由于地层的渗透率过低，注水井会憋压，注热的波及范围小，产气量不如单纯降压开采。储层改造提升水合物藏的整体渗透率(即 A 层 290 mD，B 层 150 mD，C 层 740 mD)后产能提升效果明显，此时直井降压＋注热驱替开采的开采效果略好于降压开采，推荐注热温度为 25 ℃(常温海水)，注热速度为 100 m^3/d。

(4) 降压＋井壁加热开采可以提高水合物藏的产能，但由于井壁加热的作用范围有限，对产能的提升幅度很小，依靠降压＋井壁加热的方式无法实现神狐水合物藏的商业开采。

(5) 在开采神狐水合物藏时，建议通过储层改造提升整体的渗透率，采用全部射孔的方式进行直井降压开采，开采 2 000 d 时的日均产气量可以达到 104 000 m^3/d。当无法提升储层的整体渗透率时，推荐采用水平井开采，建议将水平井布置在 C 层，井长设置为 400 m，开采 2 000 d 时的日均产气量可以达到 62 500 m^3/d。

第 7 章 结论及建议

7.1 结 论

本书主要讲述了天然气水合物开采数值模拟的发展概况及数学模型，并进行了降压法、降压＋注热驱替法的开采模拟计算。在对神狐水合物藏首次试采历史拟合的基础上，分析了长期开采动态及影响因素，最后对神狐水合物藏各种增产措施的效果进行了数值模拟和预测。

(1) 神狐水合物藏开采的数值模拟软件及数学模型。

目前应用较多的水合物开采数值模拟软件包括 T＋H，MH21-HYDRES，CMG-STARS 及 STOMP-HYD。以 HRS 数学模型为例，介绍水合物开采模拟的平衡模型及动力学模型，模型中考虑气-水-水合物-冰多相渗流过程、水合物分解动力学过程、水合物相变过程、冰-水相变过程、热传导和对流过程、渗透率变化等对水合物分解及产气和产水的影响。模型采用主变量变换法求解。

(2) 通过水合物藏降压开采模拟计算，可得到如下结论：

盖层能为水合物的分解提供热量补充，延缓水合物层温度下降速度，加快水合物分解速度，增大产气速度；随着盖层厚度的增加，累产气量先增加较快，然后趋于稳定增长，当盖层厚度达到 30 m 后就可以为水合物分解提供足够的热量，建议在数值模拟研究中所选择的盖层厚度至少为 30 m。盖层导热系数对水合物分解作用显著，在盖层厚度一定时，盖层导热系数越大，降压开采效果越好。

降压开采时，在不考虑二次生成水合物的情况下，降压幅度和降压速度越大，开采效果越好。当降压幅度超过 $0.4p_i$ 时，水合物藏分解率和采收率增加速度变快；降压幅度对累产气量的影响程度大于降压速度，推荐最优的降压幅度为 $0.783p_i$（即生产井井底压力为 3 MPa），降压速度为 8.83 MPa/d，此时水合物能完全分解，累产气量为 1.2318×10^8 m^3，采收率为 89.54％。

(3) 通过水合物藏降压＋注热驱替开采模拟计算，可得到如下结论：

在不考虑二次生成水合物的情况下，降压幅度和降压速度越大，开采效果越好。当降压幅度超过 0.5p_i后，水合物藏分解率、采收率及能量效率的增加速度变快，建议开采神狐水合物藏时降压幅度至少为 0.7p_i，即井底压力不应超过 4.149 MPa。

根据降压＋注热驱替开采过程中产气速度和累产气量的变化情况可知，注热温度越高，累产气量越多；注热速度越快，开采效果越差。在本书研究范围内，建议选择注热温度为 25～60 ℃，注热速度为 40～60 m^3/d，最佳的注热时机应该为产气峰值时。

根据正交实验设计结果，降压＋注热驱替开采水合物时各参数对能量效率的影响程度从大到小依次为：注热温度、注热速度、降压幅度、降压速度。推荐神狐水合物藏降压＋注热驱替法最优的开采参数组合为：生产井降压幅度 0.783p_i、降压速度 8.830 0 MPa/d，注水井注热温度 25 ℃、注热速度 40 m^3/d。此方案累产气量可达 1.367 5×10^8 m^3，水合物能完全分解，水合物藏采收率为 99.41%，能量效率可达到 91.27。

(4) 通过南海神狐水合物藏降压开采数值模拟，可得如下结论：

在对神狐水合物藏首次试采产气进行拟合的基础上，预测长期降压开采的日均产气量很低，为 3 400 m^3/d，远低于商业开采要求。

通过 LH-OAT 敏感性分析法对神狐水合物藏的地质参数进行分析，得到各参数的敏感度排序为：初始温度＞含气饱和度＞绝对渗透率＞水合物饱和度＞孔隙度＞导热系数。初始温度是敏感参数，含气饱和度和绝对渗透率是一般敏感参数，其余参数为不敏感参数。

对神狐水合物藏，当以 B 层作为开采层时，由于气、水、水合物共存，井底压力过低，导致开采井附近的水合物二次生成严重，阻碍压力的传播，从而不利于水合物藏的开采，井底压力设定为 3 MPa 时开采效果较好。

不同射孔位置下的产能差别很大，C 层渗透率高且是气水层，因此射孔层位包括 C 层时开采效果较好。全部层都进行射孔时的开采效果最好，开采过程中的日均产气量可以到达 31 500 m^3/d。

(5) 通过研究神狐水合物藏不同增产措施的增产效果，可得如下结论：

水平井开采相比于直井开采效果更好。采用单水平井开采神狐水合物藏时，建议将水平井布置在 C 层，水平井长度设计为 400 m(即穿透比为 0.8)，开采 2 000 d 时的日均产气量可以达到 62 500 m^3/d。

直井降压＋压裂开采可以提高直井降压的产量，推荐的裂缝半长为 150 m，裂缝区渗透率为 1 D。压裂的增产效果主要体现在开采前期，对开采后期影响较小。

神狐水合物藏由于地层的渗透率过低，直井降压＋注热驱替开采的效果不如单独直井降压开采。直井降压＋井壁加热开采虽然可以提高水合物藏的产能，但提升幅度很小。因此不推荐采用直井降压＋注热驱替、直井降压＋井壁加热的方式开采神狐水合物藏。

通过储层改造提升神狐水合物藏的整体渗透率，采用全部射孔的方式进行直井降压开采，开采 2 000 d 时的日均产气量可以达到 104 000 m^3/d。

7.2　后续研究建议

(1) 本书所述的水合物藏数学模型都是建立在考虑水合物分解动力学,气、水渗流及水合物分解过程中热量变化基础上的温度场-渗流场-化学场三场耦合(thermo-hydro-chemical,THC)模型。而实际上,由于水合物的分解导致储层胶结性变差、地层变形,会进一步影响水合物的分解和渗流,因此需要耦合沉积物力学性能,考虑含水合物沉积物应变甚至沉陷对水合物分解的影响,建立考虑温度场-渗流场-化学场-力学场四场耦合(thermo-hydro-mechano-chemical,THMC)的数值模拟模型并进行相应的研究是极为必要的,也是今后水合物开采模拟的发展方向。

(2) 对水合物基础物性参数进行模型化。这些基础物性参数包括含水合物沉积物的有效孔隙度、绝对渗透率、相对渗透率随水合物饱和度的变化规律,沉积物中天然气水合物的相平衡规律,盐度对水合物相平衡的影响,含水合物沉积物的传热特性,水合物的相变潜热,含水合物沉积物的力学特性(包括应力-应变关系随水合物饱和度的变化规律),含水合物沉积物的本构关系等。

(3) 继续对南海可能含下伏气的天然气水合物藏进行深入分析,评价开采气藏的同时开采水合物藏的可行性。

参考文献

[1] 丛晓荣,吴能友,苏明,等.天然气水合物资源量估算研究进展及展望[J].新能源进展,2014,2(6):462-470.

[2] 冯景春,李小森,王屹,等.三维实验模拟双水平井联合法开采天然气水合物[J].现代地质,2016,30(4):929-936.

[3] 洪世铎.油藏物理基础[M].北京:石油工业出版社,1985.

[4] 胡立堂,张可霓,高童.南海神狐海域天然气水合物注热降压开采数值模拟研究[J].现代地质,2011,25(4):675-681.

[5] COXJ L.天然气水合物性质、资源与开采[M].曾昭懿,吕德本,译.北京:石油工业出版社,1988.

[6] 吕勤.含甲烷水合物多孔介质渗流特性研究[D].大连:大连理工大学,2016.

[7] 刘丽强,徐军,李雁,等.TOUGH+HYDRATE水合物模型参数敏感性分析[J].海洋科学,2014,38(6):52-59.

[8] 阮徐可,李小森,徐纯刚,等.天然气水合物降压联合井壁加热开采的数值模拟[J].化工学报,2015,66(4):1544-1550.

[9] 孙长宇,陈光进,郭天民,等.甲烷水合物分解动力学[J].化工学报,2002,53(9):899-903.

[10] 孙长宇,陈光进,郭天民.甲烷水合物恒温恒压分解过程研究[J].地球化学,2003,32(2):112-116.

[11] 王淑玲,孙张涛.全球天然气水合物勘查试采研究现状及发展趋势[J].海洋地质前沿,2018,34(7):24-32.

[12] 王力峰,梁金强,陆敬安,等.南海北部神狐海域天然气水合物钻探区地热分布[J].南海地质研究,2009(0):40-45.

[13] 吴江华.一种新的气水合物分解技术[J].天然气地球科学(天然气水合物专辑),1998,9(3-4):80-86.

[14] 张金昌.天然气水合物勘探开发:从马里克走向未来——加拿大北极地区天然气水合物勘探开发情况综述[J].地质通报,2005,24(7):Ⅳ-Ⅶ.

[15] 朱其,吴其林,吴迅达,等.神狐海域与西沙海槽天然气水合物成藏模式对比[J].

海洋地质前沿,2017,33(7):55-62.

[16] 朱嘉祺,徐向阳,何爽. 基于 LH-OAT 的 SWMM 模型参数敏感性分析[J]. 中国农村水利水电,2014(3):84-87.

[17] AHMADI G,JI C,SMITH D H. Numerical solution for natural gas production from methane hydrate dissociation[J]. Journal of Petroleum Science and Engineering,2004,41(4):269-285.

[18] AHMADI G,JI C,SMITH D H. Natural gas production from hydrate dissociation:an axisymmetric model[J]. Journal of Petroleum Science and Engineering,2007,58(1-2):245-258.

[19] ANDERSON B J,KURIHARA M,WHITE,M D,et al. Regional long-term production modeling from a single well test,Mount Elbert gas hydrate stratigraphic test well,Alaska North Slope[J]. Marine and Petroleum Geology,2011,28(2):493-501.

[20] ANDERSON B J,BOSWELL R,COLLETT T,et al. Review of the findings of the Theignik Sikumi CO_2-CH_4 gas hydrate exchange field trial[R]. Beijing:The 8th International Conference on Gas Hydrates,2014.

[21] AMYX H C,BASS D M,WHITING R L. Petroleum reservoir engineering physical properties[M]. New York:Mc Graw-Hill Book Co.,1960.

[22] BURSHEARS M,OBRIEN T,MALONE R. A multi-phase,multi-dimensional,variable composition simulation of gas production from a conventional gas reservoir in contact with hydrates[R]. Kentucky:Society of Petroleum Engineers,1986.

[23] BAYLES G A,SAWYER W K,ANADA H R. A steam cycling model for gas production from a hydrate reservoir[J]. Chemical Engineering Communications,1986,47(4-6):224-245.

[24] BURSHEARS M,O'BRIEN T J,MALONE R D. A multi-phase,multi-dimensional,variable composition simulation of gas production from a conventional gas reservoir in contact with hydrates[R]. Louisville:SPE Unconventional Gas Technology Symposium,1986.

[25] JI C,AHMADI G,SMITH D H. Nature gas production from hydrate decomposition by depressurization[J]. Chemical Engineering Science,2001,56(20):5801-5814.

[26] CHEN C,YANG L,JIA R,et al. Simulation study on the effect of fracturing technology on the production efficiency of natural gas hydrate[J]. Energies,2017,10(8):1241.

[27] JI C,AHMADI G,SMITH D H. Constant rate natural gas production from a well

in a hydrate reservoir[J]. Energy Conversion and Management,2003,44(15):2403-2423.

[28] CIVANF C. Scalc cffcct on porosity and permeability:kinetics,model,and correlation[J]. AICHE Journal,2001,47(2):271-287.

[29] CLAUSSEN W F. A second water structure for inert gas hydrates[J]. Journal of Chemical Physics,1951,19(11):1425-1426.

[30] COLLETT T S,KUSKRA V A. Hydrate contain vast store of world gas resource [J]. Oil and Gas Journal,1998,96(19):90.

[31] DAS D K,VINEET S. Calculation of gas hydrate dissociation with finite-element model[J]. Journal of Energy Engineering,1993,119(3):180-200.

[32] ENGLEZOS P,KALOGERAKIS N,DHOLABHAI P D,et al. Kinetics of formation of methane and ethane gas hydrates[J]. Chemical Engineering Science,1987,42(11):2647-2658.

[33] ESMAEILZADEH F,ZEIGHAMI M E,FATHI J. 1-D modeling of hydrate decomposition in porous media[J]. Journal of Porous Media,2011,14(1):1-16.

[34] FUJII T,TAKAYAMA T,NAKAMIIU M. Wire-line logging analysis of the 2007 JOGMEC/NRCan/Aurora Mallik gas hydrate production test well[R]. Vancouver:Proceedings of the 6th International Conference on Gas Hydrates,2008.

[35] FUKUSAKO S,YAMADA M. Recent advances in research on water-freezing and ice-melting problems[J]. Experimental Thermal and Fluid Science,1993,6(1):90-105.

[36] FENG Y C,CHEN L,SUZUKI A,et al. Enhancement of gas production from methane hydrate reservoirs by the combination of hydraulic fracturing and depressurization method[J]. Energy Conversion and Management,2019,184(1):194-204.

[37] FALSER S,UCHIDA S,PALMER A C,et al. Increased gas production from hydrates by combining depressurization with heating of the wellbore[J]. Energy & Fuels,2012,26(10):6259-6267.

[38] GROVER T,MORIDIS G J,HOLDITCH S A. Analysis of reservoir performance of the Messoyakha gas hydrate reservoir[R].SPE 114375,2008.

[39] GAMWO I K,LIU Y. Mathematical modeling and numerical simulation of methane production in a hydrate reservoir[J]. Industrial and Engineering Chemistry Research,2010,49(11):5231-5245.

[40] SACHIN G. The effect of reservoir characteristics on methane production from hydrate bearing formations[D]. Morgantown:West Virginia University,2006.

[41] MANOHAR G. Code comparison of methane hydrate reservoir simulators using

CMG STARS[D]. Morgantown:West Virginia University,2008.

[42] GADDIPATI M,MYSHAKIN E M.,BOSWELL R,et al. Gas production modeling from a complex 3-D description of marine hydrate deposits[R]. Edinburgh: Proceedings of the 7th International Conference on Gas Hydrates,2011.

[43] GIRALDO C,KLUMP J,CLARKE M,et al. Sensitivity analysis of parameters governing the recovery of methane from natural gas hydrate reservoirs[J]. Energies,2014,7(4):2148-2176.

[44] JIANG G S,SUN J X,NING F L,et al. The Effect of thermal properties of sediments on the gas production from hydrate reservoirs by depressurization and thermal stimulation[J]. Procedia Engineering,2014,73(0):326-336.

[45] AHMADI G,JI C,SMITH D H. Numerical solution for natural gas production from methane hydrate dissociation[J]. Journal of Petroleum Science and Engineering,2004,41(4):269-285.

[46] HANDA Y P,STUPIN D Y. Thermodynamic properties and dissociation characteristics of methane and propane hydrates in 70-a-radius silica gel pores[J]. Joural of Physical Chemistry,1992,96(21):8599-8603.

[47] ZHAO J F,YU T,SONG Y C,et al. Numerical simulation of gas production from hydrate deposits using a single vertical well by depressurization in the Qilian Mountain permafrost,Qinghai-Tibet Plateau,China[J]. Energy,2013,52(0):308-319.

[48] ZHANG J M,LI X S,CHEN Z Y. Numerical simulation of the improved gas production from low permeability hydrate reservoirs by using an enlarged highly permeable well wall[J]. Journal of Petroleum Science and Engineering,2019,183(0):106404.

[49] KONO H O,NARASIMHAN S,FENG S,et al. Synthesis of methane gas hydrate in porous sediments and its dissociation by depressurizing[J]. Powder Technology,2002,122(2-3):239-246.

[50] HONG H,POOLADI-DARVISH M . Simulation of depressurization for gas production from gas hydrate reservoirs[J]. Journal of Canadian Petroleum Technology,2005,44(11):39-46.

[51] HONG H,POOLADI-DARVISH M. A numerical study on gas production from formations containing gas hydrates[R]. Calgary:Canadian International Petroleum Conference,2003.

[52] HONG H,POOLADI-DARVISH M,BISHNOI P R. Analytical modelling of gas production from hydrates in porous media[J]. Journal of Canadian Petroleum Technology,2003,42(11):45-56.

[53] HOLDER G D, PATRICK F A. Simulation of gas production from a reservoir containing both gas hydrate and free natural gas[R]. SPE 11105, 1982.

[54] HUANG L, SU Z, WU N Y. Evaluation on the gas production potential of different lithological hydrate accumulations in marine environment[J]. Energy, 2015, 91(0): 782-798.

[55] JAMALUDDIN A K M, KALOGERAKIS N, BISHNOI P R. Modelling of decomposition of a synthetic core of methane gas hydrate by coupling intrinsic kinetics with heat transfer rates[J]. Canadian Journal of Chemical Engineering, 1989, 67(6): 948-954.

[56] JOHNSON A, PATIL S, DANDEKAR A. Experimental investigation of gaswater relative permeability for gas-hydrate-bearing sediments from thc mount Elbert gas hydrate stratigraphic test well, Alaska North Slope[J]. Marine and Petroleum Geology, 2011, 28(2): 419-426.

[57] JIN G R, XU T F, XIN X, et al. Numerical evaluation of the methane production from unconfined gas hydrate-bearing sediment by thermal stimulation and depressurization in Shenhu area, South China Sea[J]. Journal of Natural Gas Science and Engineering, 2016, 33(0): 497-508.

[58] KIM H C, BISHNOI P R, HEIDEMANN R A, et al. Kinetics of methane hydrate decomposition[J]. Chemical Engineering Science, 1987, 42(7): 1645-1653.

[59] KURIHARA M, SATO A, FUNATSU K, et al. Analysis of production data for 2007/2008 Mallik gas hydrate production tests in Canada[R]. Beijing: International Oil and Gas Conference and Exhibition, 2010.

[60] KLUMP J, GALKIN A, GIRALDO C, et al. Using hydrocarbon reservoir modeling software for numerical modeling of laboratory experiments on gas hydrates [R]. Edinburgh: 7th International Conference on Gas Hydrates, 2011.

[61] KURIHARA M, FUNATSU K, OUCHI H. Analysis of 2007/2008 JOGMEC/NRCAN/AURORA Mallik gas hydrate production test through numerical simulation[R]. Edinburgh: 7th International Conference on Gas Hydrates, 2011.

[62] KURIHARA M, OUCHI H, NARITA H, et al. Gas production from methane hydrate reservoirs[R]. Edinburgh: 7th International Conference on Gas Hydrates, 2011.

[63] KONNO Y, MASUDA Y, SHEU C L, et al. Relative permeability curves during hydrate dissociation in depressurization[R]. Vancouver: International Conference on Gas Hydrates, 2008.

[64] KONNO Y, UCHIUMI T, OYAMA H, et al. Dissociation behavior of methane hydrate in sandy porous media below the quadruple point[J]. Energy & Fuels,

2012,26(7):4310-4320.

[65] KLEINBERG R L,FLAUM C,GRIFFIN D D,et al. Deep sea NMR:Methane hydrate growth habit in porous media and its relationship to hydraulic permeability, deposit accumulation, and submarine slope stability[J]. Journal of Geophysical Research,2003,108(B10):1-17.

[66] KAMATH V A,GODBOLE S P. Evaluation of hot-brine stimulation technique for gas production from nature gas hydrates[R]. SPE 13594,1987.

[67] KAMATH V A,MUTALIK P N,SIRA J N,et al. Experimental study of brine injection and depressurization methods for dissociation of gas hydrates[R]. SPE 19810,1991.

[68] KAMATH V A. A perspective on gas production form hydrates[R] Chiba City: The JNOC's Methane Hydrate International Symposium,1998.

[69] KAMATH V A. Study of heat transfer characteristics during dissociation of gas hydrates in porous media[D]. Pittsburgh:University of Pittsburgh,1984 .

[70] KONNO Y,JIN Y,SHINJOU K,et al. Experimental evaluation of the gas recovery factor of methane hydrate in sandy sediment[J]. RSC Advances,2014,4(93): 51666-51675.

[71] KVENVOLDEN K. Methane hydrates and global climate[J]. Global Biochemical Cycles,1988,2(3):221-229.

[72] KVENVOLDEN K A. A primer on the geological occurrence of gas hydrate[J]. The Geological Society,London,Special Publications,1998(137):9-30.

[73] KOMAI T A, SAKAMOTO Y, KAWAMURA T, et al. Dissociation Rate of Methane Hydrates Occupied in Pore Space of Marine Sediments[R]. ISOPE Ocean Mining Symposium,2005.

[74] UDACHIN K A, RIPMEESTER J A. A complex clathrate hydrate structure showing bimodal guest hydration[J]. Nature,1999,397(6718): 420-423.

[75] KVENVOLDEN K A,CARLSON P R. Possible connection between two Alaskan catastrophes occurring 25 years apart(1964 and 1989)[J]. Geology,1993,21(9): 813-816.

[76] LI J F,YE J L,QIN X W,et al. The first offshore natural gas hydrate production test in South China Sea[J]. China Geology,2018,1(1):5-16.

[77] LI X S,YANG B,LI G,et al. Numerical simulation of gas production from natural gas hydrate using a single horizontal well by depressurization in Qilian Mountain permafrost[J]. Industrial & Engineering Chemistry Research,2012,51(11): 4424-4432.

[78] Li X S,Li B,Li G,et al. Numerical simulation of gas production potential from

permafrost hydrate deposits by huff and puff method in a single horizontal well in Qilian Mountain, Qinghai Province[J]. Energy, 2012, 40(1): 59-75.

[79] LAMEDO M A, PROVERO D, VILORIA A, et al. Gas production from hydrates dissociation in marine sediments[R]. SPE 139306, 2010.

[80] LAKE L W. Enhanced Oil Recovery[M]. Upper Saddle River: Prentice Hall, 1989.

[81] ZHU Y H, ZHANG Y Q, SUN Z J. Overview on permafrost gas hydrate exploration in China[R]. Beijing: The 8th International Conference on Gas Hydrate, 2014.

[82] MAKOGON Y F. Hydrate of hydrocarbons[M]. Tulsa: PennWell Publishing Company, 1997.

[83] CLARKE M, BISHNOI P R. Determination of the intrinsic rate of ethane gas hydrate decomposition[J]. Chemical Engineering Science, 2000, 55(21): 4869-4883.

[84] MAX M D, LOWVIRE A. Oceanic methane hydrates: a frontier gas resource[J]. Journal of Petroleum Geology, 1996, 19(1): 41-56.

[85] MASUDA Y, KURIHARA M, OCHUCHIH, et al. A Field-scale simulation study on gas productivity of formations containing gas hydrates[R]. Yokohama: Proceedings of the 4th International Conference on Gas Hydrates, 2002.

[86] MASUDA Y, FUJINAGA Y, NAGANAWA S, et al. Modeling and experimental studies on dissociation of methane gas hydrates in berea sandstone cores[R]. Salt Lake City: Proceedings of Third International Conference on Gas Hydrates, 1999.

[87] MEHRAN P D. Gas production from hydrate reservoirs and its modeling[R]. SPE 86827, 2004.

[88] MILLER J W, SCHORR G R, YAWS C L. Heat capacities of liquids[J]. Chemical Engerring Journal, 1976, 83(23), 129-131.

[89] MILLER J W, MCGINLEY J J, YAWS C L. Thermal conductivity of liquids[J]. Chemical Engerring Journal, 1976, 83(23), 133-135.

[90] MORIDIS G J. Numerical studies of gas production from methane hydrates[R]. SPE 87330, 2002.

[91] MORIDIS G J, COLLETT T S, DALLIMORE S R, et al. Numerical studies of gas production from several CH_4 hydrate zone at the mallik site, Mackenzie Delta, Canada[J]. Journal of Petroleum Science and Engineering, 2004, 43(3): 219-238.

[92] MORIDIS G J, KOWALSKY M B, PRUESS K. Depressurization-induced gas production from class-1 hydrate deposits[R]. SPE 97266, 2008.

[93] MORIDIS G J, REAGAN MT. Gas production from class 2 hydrate accumula-

tions in the permafrost[R]. SPE 110858,2007.

[94] MORIDIS G J,REAGAN M T,BOSWELL R. Preliminary evaluation of the production potential of recently discovered hydrate deposits in the gulf of mexico [R]. Houston:Offshore Technology Conference-21049,2010.

[95] MAKOGON Y E,HOLDITCH S A,MAKOGON T Y. Russian field illustrates gas-hydrate production[J]. Oil and Gas Journal,2005,103(5):43-47.

[96] NAZRIDOUST K, AHMADI G. Computational modeling of methane hydrate dissociation in a sandstone core[J]. Chemical Engineering Science,2007,62(22):6155-6177.

[97] GOEL N,WIGGINS M,SHAH S. Analytical modeling of gas recovery from in situ hydrates disscociation[J]. Journal of Petroleum Science and Engineering,2001,29(2),115-127.

[98] YANG S W,LANG X M,WANG Y H,et al. Numerical simulation of class 3 hydrate reservoirs exploiting using horizontal well by depressurization and thermal co-stimulation[J]. Energy Conversion and Management,2014,77(0):298-305.

[99] PHALE H A,ZHU T,WHITE M D,et al. Simulation study on injection of CO_2-microemulsion for methane recovery from gas-hydrate reservoirs[R]. Calgary:2006 SPE Gas Technology Symposium Calgary,2018.

[100] PARKER J C,LENHARD R J,KUPPUSAMY T. A parametric model for constitutive properties governing multiphase flow in porous media[J]. Water Resource Research,1987,23(4):618-624.

[101] REAGAN M T,MORIDIS G J,ZHANG K. Sensitivity analysis of gas production from class 2 and class 3 hydrate deposits[R]. Houston:Offshore Technology Conference,2008.

[102] REAGAN M,MORIDIS G,JOHNSON J,et al. Field-scale simulation of production from oceanic gas hydrate deposits.[J]. Transport in Porous Media,2015,108(1):151-169.

[103] DALLIMORE S R,COLLETT T S,TAYLOR A E. Scientific results from the Mallik 2002 gas hydrate production research well program, Mackenzie Delta, northwest territories,Canada:Preface[J]. Bulletin of the Geological Survey of Canada,2005(585):iii-iv.

[104] SCHODERBEK D,MARTIN K L,HOWARD J,et al. North slope hydrate field trial:CO_2/CH_4 exchange[R]. Houston: OTC Arctic Technology Conference,2012.

[105] SEAN W Y,SATO T,YAMASAK A,et al. CFD and experimental study on methane hydrate dissociation Part Ⅰ. Dissociation under water flow[J]. AICHE

Journal,2007,53(1):262-274.

[106] SEAN W Y,SATO T,YAMASAKI A,et al. CFD and experimental study on methane hydrate dissociation. Part Ⅱ. General cases[J]. AICHE Journal,2007,53(8):2148-2160.

[107] SELIM M S,SLOAN E D. Hydrate Dissociation in Sediment[R]. SPE 16859,1990.

[108] SUN X,NANCHARY N,MOHANTY KK. 1-D modeling of hydrate depressurization in porous media[J]. Transport in Porous Media,2005(58):315-338.

[109] STONE H L. Probability model for estimating three-phase relative permeability [J]. Journal of Petroleum Technology,1970,22(2):214-218.

[110] SLOAN E D. Clathrate hydrates of Natural Gases[M].2nd ed. New York:Marcel Dekker,1998:754.

[111] SELIM M S,SLOAN E D. Heat and mass transfer during the dissociation of hydrates in porous media[J]. AICHE Journal,1989,35(6):1049-1052.

[112] SIRA J H,PATIL S L,KAMATH V A. Study of hydrate dissociation by methanol and glycol injection[R]. SPE 20770,1990.

[113] STERN L A,CIRCONE S,KIRBY S H,et al. Temperature,pressure and compositional effects on anomalous or "self" preservation of gas hydrate[J]. Canadian Journal of Physics,2003,81(1-2):271-283.

[114] SUN Y H,MA X L,GUO W,et al. Numerical simulation of the short- and long-term production behavior of the first offshore gas hydrate production test in the South China Sea[J]. Journal of Petroleum Science and Engineering,2019,181(0):106196.

[115] YU T,GUAN G Q,ABULITI A,et al. 3D investigation of the effects of multiple-well systems on methane hydrate production in a low-permeability reservoir [J]. Journal of Natural Gas Science and Engineering,2020,76(0):103213.

[116] TSYPKIN G G. Mathematical model of the dissociation of gas hydrates coexisting with ice in natural reservoirs[J]. Fluid Dynamics,1993,28(2):223-229.

[117] TSYPKIN G G. Mathematical models of gas hydrates dissociation in porous media[J]. Annuals of the New York Academy of Science,2000,912(0):428-436.

[118] TSYPKIN G G. Regimes of dissociation of gas hydrates coexist with a gas in natural strata[J]. Journal of Engineering Physics and Thermophysics,2001,74(5):1083-1089.

[119] UCHIDA T,EBINUM T,ISHIZAKI T. Dissociation condition measurements of methane hydrate in confined small pores of porous glass[J]. Journal of Physical Chemistry,1999,103(18):3659-3662

[120] UDDIN M, COOMBE D A, LAW H S, et al. Numerical studies of gas hydrate formation and decomposition in a geological reservoir[J]. Journal of Energy Resources Technology, 2008, 130(3): 1-14.

[121] UDDIN M, WRIGHT F, DALLIMORE S, et al. Gas hydrate dissociations in Mallik hydrate bearing zones A, B, and C by depressurization: Effect of salinity and hydration number in hydrate dissociation[J]. Journal of Natural Gas Science & Engineering, 2014, 21: 40-63.

[122] VERIGIN NN, KHABIBULLIN I L, KHALIKOV G A. Linear problem of the dissociation of the hydrates of a gas in a porous medium[J]. Fluid Dynamics, 1980, 15(1): 144-147.

[123] KAMATH V A, GODBOLE S P. Evaluation of hot-Brine stimulation technique for gas production from nature gas hydrates[J]. Journal of Petroleum Technology, 1987, 39(11): 1379-1388.

[124] WALSH M R, HANCOCK S H, WILSON S J, et al. Preliminary report on the commercial viability of gas production from natural gas hydrates[J]. Energy Economics, 2009, 31(5), 815-823.

[125] WALSH M R, KOH C A, SLOAN E D. et al. Microsecond simulations of spontaneous methane hydrate nucleation and growth[J]. Science, 2009, 326(5956): 1095-1098.

[126] WHITE M D, WURSTNER S K, MCGRAIL B P. Numerical studies of methane production from class 1 gas hydrate accumulations enhanced with carbon dioxide injection[J]. Marine and Petroleum Geology, 2011, 28(2): 546-560.

[127] WHITE M, MCGRAIL P. Designing a pilot-scale experiment for the production of natural gas hydrates and sequestration of CO_2 in class 1 hydrate accumulations[J]. Energy Procedia, 2009, 1(1): 3099-3106.

[128] WHITEM, SUK L W . Guest Molecule Exchange Kinetics for the 2012 Ignik Sikumi Gas Hydrate Field Trial[R]. Houston: Offshore Technology Conference, 2014.

[129] AÑÓN J C R. Reservoir-simulation model of production from gas-hydrate accumulations[J]. Journal of Petroleum Technology, 2000, 52(4): 76-77.

[130] YOUSIF M H, ABASS HH, SELIM M S, et al. Experimental and theoretical investigation of methane-gas-hydrate dissociation in porous media [R]. SPE 18320, 1991.

[131] YOUSIF M H, LI P M, SELIM M S. Depressurization of natural gas hydrates in berea sandstone cores[J]. Journal of Inclusion Phenomena and Molecular Recognition in Chemistry, 1990, 8(1): 71-88.

[132] YAMAMOTO K. 2013 methane hydrate offshore production test in the eastern Nankai Trough：a milestone on the path to real energy resource[R]. Beijing：Proceedings of the 8th International Conference on Gas Hydrate，2014.

[133] YIN Z Y，CHONG Z R，TAN H K，et al. Review of gas hydrate dissociation kinetic models for energy recovery[J]. Journal of Natural Gas Science and Engineering，2016，35(Part B)：1362-1387.

[134] YU T，GUAN G Q，ABUDULA A，et al. Application of horizontal wells to the oceanic methane hydrate production in the Nankai Trough，Japan[J]. Journal of Natural Gas Science and Engineering，2019，62(0)：113-131.

[135] YAWS C L. Handbook of transport property data：viscosity，thermal conductivity，and diffusion coefficients of liquids and gases[M]. Houston：Gulf publishing Company，1995.